水泵技术

DESIGN TECHNOLOGY OF WATER PUMPS

泵设计技术

张金凤　主编

镇　江

图书在版编目(CIP)数据

泵设计技术 / 张金凤主编. -- 镇江 : 江苏大学出版社， 2024. 6. -- ISBN 978-7-5684-2240-6

Ⅰ. TV675

中国国家版本馆 CIP 数据核字第 2024QU8330 号

泵设计技术
Beng Sheji Jishu

主　　编/张金凤
责任编辑/徐　婷
出版发行/江苏大学出版社
地　　址/江苏省镇江市京口区学府路 301 号(邮编：212013)
电　　话/0511-84446464 (传真)
网　　址/http://press.ujs.edu.cn
排　　版/镇江市江东印刷有限责任公司
印　　刷/苏州市古得堡数码印刷有限公司
开　　本/787 mm×1 092 mm　1/16
印　　张/11
字　　数/250 千字
版　　次/2024 年 6 月第 1 版
印　　次/2024 年 6 月第 1 次印刷
书　　号/ISBN 978-7-5684- 2240-6
定　　价/72.00 元

前 言

泵是一种通用机械，广泛应用于各行各业。泵不仅可以用来输送水、油、酸碱液、乳化液、悬乳液和液态金属等液体，也可以用来输送液、气混合物及含悬浮固体物的液体。目前，国内针对水泵这一流体机械编写的教材较多，但内容均较为分散，难以适应水泵行业的设计需要。温岭是“中国水泵之乡”，拥有多家泵业企业。为帮助部分企业提升自身设计实力，我们在温岭市科学技术局的资助下，针对温岭泵业市场常见的水泵类型，编写了本教材。

本教材有 3 个特点：一是针对性较强，对适用群体来说毫无冗杂的部分，实用性很强；二是内容较为创新，不仅有传统的设计方法，还包括 CAD、CFD 的设计计算及优化；三是理论联系实际，在理论、设计阐述的基础上增加了许多工程实例，让使用者可以更好地将所学理论知识应用到实际问题中。

本教材由张金凤担任主编，曹璞钰担任副主编。本教材共有 8 章，内容涵盖了泵设计技术的各个方面，包括低比转速离心泵、低比转速特殊泵型、自吸泵、轴流泵、多级井用潜水泵、喷射泵、基于 CFD 技术的多级离心泵设计模拟及分析、基于 CFturbo 的双吸离心泵设计优化方法。其中：张金凤编写第 1 章和第 2 章；童林丹编写第 3 章；曹璞钰编写第 4 章；周岭编写第 5 章；李贵东编写第 6 章；王文杰编写第 7 章和第 8 章。

本教材在编写过程中得到了温岭市科学技术局的大力支持，同时得到了江苏大学和国家水泵产品质量检验检测中心(浙江)的专家学者、技术人员以及众多学生提出的宝贵意见和建议。在此，我们向所有为本教材的编写和完善作出贡献的个人和团队表示衷心的感谢。

为了更好地利用本教材，我们建议读者按照章节顺序逐步学习，同时结合设计案例和操作实践，以加深对泵设计方法的理解和掌握。我们鼓励读者在学习和应用过程中积极思考，不断探索，将理论知识与实践相结合，提高解决实际问题的能力。

最后,我们希望本教材能够成为相关专业学生和从业技术人员在泵设计方面的良师益友,帮助他们在专业道路上不断前进,为工业发展和社会进步贡献自己的力量。

尽管我们在编写过程中付出了很大努力,但难免有疏漏之处,恳请读者不吝赐教。

编　者

2024 年 6 月

目　录

主要符号表

符号	名称	单位	符号	名称	单位
Q	流量	m^3/h	Q_{max}	最大轴功率出现的流量点	m^3/h
H	扬程	m	u	圆周速度	m/s
P	功率	kW	Re	雷诺数	
n_s	比转速		t	时间	s
n	转速	r/min	w	相对速度	m/s
η	效率	%	x,y,z	直角坐标	
η_m	机械效率	%	u,v,w	直角坐标系速度分量	m/s
η_v	容积效率	%	ρ	液体密度	kg/m^3
η_h	水力效率	%	F_t	泵体喉部面积	mm^2
Φ	流量系数		θ	包角	(°)
ψ	扬程系数		K_Q	流量放大系数	
g	重力加速度	m/s^2	K_{n_s}	比转速放大系数	
D_2	叶轮外径/叶轮出口直径	mm	**下标**		
P_{max}	最大轴功率	kW	1	叶轮进口,位置 1	
b_2	叶片出口宽度	mm	2	叶轮出口,位置 2	
β	叶片安放角	(°)	d	设计点	
Z	叶片数				

第1章

低比转速离心泵

1.1 低比转速离心泵概述

离心泵的范畴内，当比转速小于 80 时，称为低比转速离心泵；当比转速小于 40 时，称为超低比转速离心泵。

例如，流量 $Q=4.4\ m^3/h$、扬程 $H=125\ m$ 的多级离心泵，当级数为 4 级时，泵比转速为 28，属于超低比转速；当级数为 8 级时，泵比转速为 47，属于低比转速。4 级离心泵的效率比 8 级离心泵的效率低近 20%。

超低比转速离心泵的效率普遍低于低比转速离心泵，低比转速离心泵属于效率偏低的一类泵产品。但其因具有流量小、扬程高的特点，故广泛应用于农业排灌、城市供水、锅炉给水、矿山、石油和化工等领域。其结构特点为：叶片出口宽度 b_2 较小，叶轮外径 D_2 较大，轴面流道窄而长。在小型潜水电泵和污水污物潜水电泵系列产品中，低功率挡位的电泵基本都属于低比转速离心泵。例如，QDX1.5-15-0.37 型泵，比转速为 28.15，泵效率为 22%，属于超低比转速离心泵；QDX6-10-0.37 型泵，比转速为 76.5，泵效率为 57.4%，属于低比转速离心泵。

1.1.1 低比转速离心泵效率低的原因

① 叶片出口宽度 b_2 设计值未达到普通铸造的 3 mm 最低要求。受限于加工水平，人为扩大叶片出口宽度，导致高效点向大流量偏移。

② 叶轮外径 D_2 设计值远大于普通离心叶轮外径，与叶轮外径 5 次方（D_2^5）相关的圆盘摩擦损失急剧增大（见表 1-1）。

表 1-1 圆盘摩擦损失与比转速之间的关系

n_s	30	40	50	60	70	80
圆盘摩擦损失/有用功	0.285	0.204	0.157	0.127	10.600	0.091

③ 较小的叶片出口宽度和较大的叶轮外径组成了狭长的叶轮流道，加之高扬程带来的高负载，低比转速叶轮内的二次流损失增大，出现射流-尾迹现象。

因此，低比转速离心泵效率低，且能耗大；同时，由于轴功率曲线较陡，易发生原动机过载。

1.1.2 低比转速离心泵设计方法概述

为了改善低比转速离心泵的性能，国内学者从 20 世纪 70 年代起就开始开展试验研究，已研制出一批水力性能较好的低比转速离心泵。目前，低比转速离心泵设计方法主要包括加大流量设计法、无过载设计法、面积比设计法、分流叶片偏置设计法等。

① 加大流量设计法。其目的是提高低比转速泵的效率；其主要措施是加大叶片出口安放角 β_2、叶片出口宽度 b_2、泵体喉部面积 F_t，减小叶轮外径 D_2 和叶片数 Z，通过放大流量（或比转速）设计一台较大的泵，利用大泵的效率曲线在设计点包络小泵的效率曲线而提高效率；其不良后果是扬程-流量曲线变得更加平坦，相同流量下的轴功率也有所增大，泵在大流量区运行更易出现超载现象，而在小流量区运行时，加大流量设计的大泵效率却比普通设计方法设计的小泵低；另外，将大泵作小泵用不经济。

② 无过载设计法。其目的是解决低比转速泵在大流量区易超载的问题；其主要措施是减小 β_2、b_2、F_t 等参数，设计出具有陡降扬程曲线和饱和轴功率特性的离心泵；其不良后果是流道较狭窄，包角较大，不利于铸造，且效率下降。

③ 面积比设计法。其原理是寻求叶轮与泵体的最佳匹配，把叶轮与泵体作为整体考虑，用叶轮的特征面积（叶轮叶片间的出口面积）和泵体的特征面积（泵体喉部面积）之比 Y（面积比）来反映叶轮特性与泵体特性的匹配，研究 Y 的变化对泵性能及泵设计参数的影响。设计中应根据不同设计要求来选择不同面积比。当 Y 值过小时，泵将是无过载的，但此时泵效率相对较低，也可能引起制造困难；相反，当 Y 值过大时，虽然泵效率较高，但轴功率可能是过载的。

④ 分流叶片偏置设计法。其目的是改善离心泵叶轮和泵体内的速度和压力分布，以提高泵的性能；其依据是叶轮内速度和压力分布随叶轮流道形状和叶片形状而变化；其实质是设计一台具有优良水力性能的泵；其方法是综合考虑设计工况和流道几何形状及其工艺性的优化设计；其主要措施是在两相邻长叶片中间设置分流叶片，并向长叶片背面偏置；其不良后果是可能会带来铸造工艺的困难。

1.2 加大流量设计法

加大流量设计法是提高低比转速离心泵运行效率最有效也是最直接的手段。加大流量设计法的指导思想是:对给定的设计流量和比转速进行放大,用放大了的流量和比转速来设计一台较大的泵,使达到更高比转速的泵在设计点更高效地运行。

1.2.1 加大流量设计的基本方法

在大量试验的基础上,对现有相关设计系数进行修正,使之适合于低比转速泵的加大流量设计。然后用修正过的系数,综合各种因素,设计出较为合理的流动组合和几何参数组合,用公式表示为

$$Q_0 = K_Q Q \tag{1-1}$$

$$n_{s0} = K_{n_s} n_s \tag{1-2}$$

式中,Q_0、n_{s0} 分别为放大的流量和比转速;Q、n_s 分别为设计流量和比转速;K_Q、K_{n_s} 分别为流量和比转速的放大系数,可分别按表 1-2 和表 1-3 取值。

表 1-2　流量放大系数 K_Q

$Q/(m^3 \cdot h^{-1})$	3～6	7～10	11～15	16～20	21～25	26～30
K_Q	1.70	1.60	1.50	1.40	1.35	1.30

表 1-3　比转速放大系数 K_{n_s}

n_s	23～30	31～40	41～50	51～60	61～70	71～80
K_{n_s}	1.48	1.37	1.28	1.21	1.17	1.14

1.2.2 主要几何参数的选择原则

1. 选择较大的叶片出口安放角 β_2

普通离心泵叶轮在 $\beta_2 \approx 30°$ 时将获得较好的流道形状和较高的效率。而低比转速离心泵一般需选取更大的叶片出口安放角,以保证在提供相同扬程的条件下尽可能减小叶轮外径和减少圆盘摩擦损失。表 1-4 给出了低比转速离心泵 β_2 的推荐值。

表 1-4　低比转速离心泵 β_2 的推荐值

n_s	23～30	31～40	41～50	51～60	61～70	71～80
$\beta_2/(°)$	38～40	35～38	32～36	30～34	28～32	25～30

2. 选取较大的叶片出口宽度 b_2

叶轮的轴面流道较狭窄即 b_2 较小,适当增大叶片出口宽度可保证加工制造的稳定性。低比转速泵 b_2 的经验公式为

$$\begin{cases} b_2 = K'_{b_2} \sqrt[3]{\dfrac{Q}{n}} \\ K'_{b_2} = 0.70\left(\dfrac{n_s}{100}\right)^{0.65} \end{cases} \tag{1-3}$$

或

$$\begin{cases} b_2 = K''_{b_2}\sqrt[3]{\dfrac{Q}{n}} \\ K''_{b_2} = 0.78\left(\dfrac{n_s}{100}\right)^{0.5} \end{cases} \tag{1-4}$$

本书推荐的 b_2 值处于式(1-3)和式(1-4)之间,见表 1-5。

表 1-5 叶片出口宽度 b_2 的选用值与计算值比较

序号	型号	$Q/(m^3 \cdot h^{-1})$	$n/(r \cdot min^{-1})$	n_s	b_2/mm			
					实际选用	$K_b=0.64\cdot\left(\frac{n_s}{100}\right)^{5/6}$	$K'_{b_2}=0.70\cdot\left(\frac{n_s}{100}\right)^{0.65}$	$K''_{b_2}=0.78\cdot\left(\frac{n_s}{100}\right)^{0.5}$
1	中水 83-01	25	2950	22.2	8	2.4	3.5	4.8
2	IS50-32-250	12.5	2900	23	5	2.0	2.9	4.0
3	IS65-32-315	25	2900	23	8	2.5	3.6	5.0
4	IS50-32-200	12.5	2900	33	4	2.7	3.6	4.8
5	IS65-40-250	25	2900	33	7	3.4	4.6	6.0
6	IS80-50-315	50	2900	33	8	4.3	5.7	7.6
7	IB50-32-250	23.2	2900	34	5	3.4	4.6	5.9
8	IB50-32-200	20.4	2900	45	5	4.1	5.2	6.5
9	$50BPZ_{6z}$-45	19.8	3000	46	6	4.1	5.2	6.4
10	IB50-32-160	12.5	2900	47	6	3.6	4.6	5.7
11	IS80-50-250	50	2900	47	6.5	5.8	7.2	9.0
12	IS100-65-315	100	1450	47	12.5	7.2	11.5	14.3
13	IS125-100-400	100	2900	47	15	9.1	9.1	11.4
14	50BPZ42-35	20.5	2600	52	5.5	4.8	5.9	7.3
15	IB65-40-200	32.7	2900	55	7	5.7	6.9	8.4
16	WB-120(750A)	8	2800	60	5	3.9	4.6	5.6
17	中水 83-02	50	2900	62.3	8	7.4	8.7	10.3
18	IS50-32-125	12.5	2900	66	6.8	4.8	5.8	6.8
19	IS65-50-160	25	2900	66	8.5	6.1	7.2	8.5
20	IS80-65-200	50	2900	66	8.5	7.6	9.0	10.7
21	IS100-65-250	100	2900	66	13	9.6	11.3	13.5
22	IS125-100-315	200	2900	66	14	12.1	14.3	16.9
23	IS150-125-400	200	1450	66	21.5	15.3	18.0	21.4
24	IB65-40-200	45.7	2900	67	10	7.5	8.8	10.4

续表

序号	型号	$Q/$ $(m^3 \cdot h^{-1})$	$n/$ $(r \cdot min^{-1})$	n_s	b_2/mm			
					实际选用	$K_b=0.64 \cdot \left(\frac{n_s}{100}\right)^{5/6}$	$K'_{b_2}=0.70 \cdot \left(\frac{n_s}{100}\right)^{0.65}$	$K''_{b_2}=0.78 \cdot \left(\frac{n_s}{100}\right)^{0.5}$
25	50BPZ32-20	20	2400	69	8	6.2	7.2	8.6
26	WB-95(370B)	6	2800	74	5	4.1	4.8	5.6
27	IB65-50-160	32.4	2900	77	10	7.5	8.6	9.9

3. 选取较大的泵体喉部面积 F_t

在加大流量法设计中，由于选择了较大的 β_2 和 b_2，因而必然要求选择较大的泵体喉部面积 F_t 以实现参数匹配。如果 F_t 过小，泵体中的流速就较高，从而水力损失也大。对低比转速泵而言，泵体内的水力损失仅次于叶轮圆盘摩擦损失，对泵的性能具有举足轻重的影响。而在增大 F_t 后，在提高泵效率的同时，还将使最高效率点向大流量方向移动，使扬程曲线变得更加平坦，相同流量下的轴功率也有所增大。所以 F_t 的增大量也有一个最佳值，其计算公式为

$$F_t=\frac{Q}{v_t} \tag{1-5}$$

$$v_t=K_{v_t}\sqrt{2gH} \tag{1-6}$$

式中，v_t 为泵体喉部流速，m/s；K_{v_t} 为速度系数。

研究认为，对 $n_s=40\sim50$ 的泵，F_t 在计算的基础上增大 20%～25%是较合适的，或取 $K_{v_t}=0.38\sim0.50$。

4. 选取较少的叶片数 Z

国内优秀低比转速泵模型的统计表明，其叶片数基本在 $Z=4\sim6$ 范围内，以 $Z=6$ 为多数，且比转速越低，叶片数越少。

5. 控制流道面积变化

离心泵流道是扩散型通道，控制流道面积扩散的程度是提高泵性能的有力措施。两叶片间流道有效部分出口和进口面积之比对泵的性能有重要影响，推荐

$$\frac{F_{\mathrm{II}}}{F_{\mathrm{I}}}=1.2\sim1.5 \tag{1-7}$$

式中，F_{II}、F_{I} 分别为两叶片间流道有效部分出口和进口面积。

6. 其他措施

除上述 5 项主要措施外，其他一些提高泵性能的措施也在加大流量设计法中应用。例如，叶轮进口直径求解系数推荐选用 $K_0=3.5\sim4.2$；叶轮进口流道形状应尽量呈正方形以减小湿周和摩擦损失。

1.2.3 TS-65-32-250 型离心泵改进设计实例

TS-65-32-250 型离心泵，原型叶轮设计参数如下：额定流量 $Q_R=24\ m^3/h$，转速 $n=2900\ r/min$，扬程 $H=85.6\ m$，比转速 $n_s=31$，属于低比转速离心泵。加大流量设计法改进离心泵：在流量为 21～25 m^3/h 时，推荐流量放大系数为 1.35，因此重选设计流量为 30 m^3/h。叶轮直径极限尺寸为 259 mm，设计 7 个叶轮，设计参数见表 1-6。

表 1-6　原型及 7 个优化方案中的叶轮几何参数

叶轮类型	D_2/mm	Z	β_2/(°)	θ/(°)	b_2/mm
原型	259	6	32	165	5
1 号叶轮			30	140	6
2 号叶轮			30	140	5
3 号叶轮			25	150	6
4 号叶轮			20	170	6
5 号叶轮			20	160	6
6 号叶轮			20	170	7
7 号叶轮			15	170	6

原型叶轮选取出口宽度为 5 mm。1 号叶轮通过增大出口宽度实现加大流量设计，取 $\beta_2=30°$。2 号叶轮略微减小了出口安放角，并同时减小了叶片包角与出口宽度。3 号、4 号叶轮出口宽度相同，4 号叶轮出口安放角减小，同时增大了叶片包角。5 号叶轮在 4 号叶轮的基础上减小了叶片包角。6 号叶轮在 4 号叶轮的基础上进一步增大了出口宽度。7 号叶轮进一步减小了出口安放角。

通过定常计算流体力学(CFD)计算得到 7 个方案的性能，减去原型叶轮在对应工况点的计算性能，结果见表 1-7。

表 1-7　优化方案与原型泵 CFD 预测性能比较

流量	1 号叶轮			2 号叶轮			3 号叶轮		
	扬程	功率	效率	扬程	功率	效率	扬程	功率	效率
12	−5.10	5.48	−0.25	−2.16	5.54	0.21	−5.54	5.42	0.34
18	0.1	5.67	−0.18	4.14	4.65	0.33	4.84	4.22	0.43
24	4.08	4.92	−0.23	12.99	5.11	0.22	10.73	5.21	0.52
30	7.32	3.31	−0.21	19.83	5.19	0.16	15.53	5.39	0.46
36	−1.50	2.24	−0.14	25.32	4.71	0.26	19.91	4.61	0.46
平均值	0.980	4.324	−0.202	12.024	5.040	0.236	9.094	4.970	0.442

续表

流量	4号叶轮			5号叶轮			6号叶轮			7号叶轮		
	扬程	功率	效率	扬程	功率	效率	扬程	功率	效率	扬程	功率	效率
12	−8.13	5.68	−0.15	−9.23	5.82	−0.05	−4.31	5.67	−0.12	−9.19	5.50	−0.11
18	−3.83	4.33	−0.18	−5.14	4.45	−0.14	0.13	5.94	−0.16	−4.83	5.89	−0.12
24	2.08	4.72	−0.13	3.12	4.82	−0.21	7.73	12.82	−0.21	2.36	10.82	−0.14
30	9.35	5.31	−0.11	11.83	5.11	−0.21	13.53	11.83	−0.15	10.34	9.83	−0.12
36	14.50	5.24	−0.14	16.32	5.14	−0.14	21.91	11.40	−0.21	16.57	8.40	−0.26
平均值	2.794	5.056	−0.142	3.380	5.070	−0.150	7.798	9.532	−0.170	3.050	8.088	−0.150

综合考虑7个叶轮内的流场特性与外特性(包括流量、扬程、效率、功率)，选择性能最好的6号叶轮作为最优方案。利用快速成型技术，加工6号叶轮与原型叶轮，性能比较如图1-1所示。

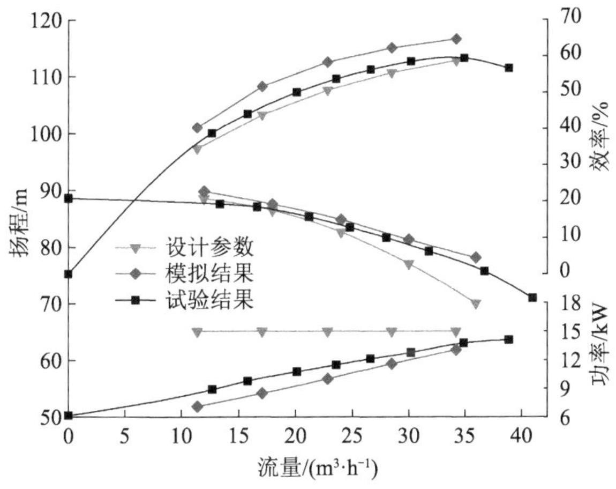

图1-1　TS-65-32-250型离心泵性能比较

从图中可以看出，采用本书提出的方法设计的6号叶轮具有最好的性能。采用6号叶轮后，在大流量区泵扬程较原型泵有了较大的提高，设计点扬程较原型泵对应工况点扬程提高了约10 m，在Q_R～$1.5Q_R$内扬程高于设计参数，其余点效率略低于设计参数，在流量超过$1.75Q_R$后，扬程曲线剧烈下降，具有无过载离心泵的特征。效率在Q_R～$1.4Q_R$内高于设计参数，其余点效率略低于设计参数。虽然功率相比原型泵有所增加，于流量$1.5Q_R$处功率达到电机额定功率，但是改进后的泵仍然具有良好的功率特性。

综上，TS-65-32-250型离心泵使用本书提出的方法进行多工况设计后，大流量区泵扬程较原型泵有了较大的提高，设计点扬程较原型泵对应工况点扬程提高了约10 m，效率满足设计要求，改进后的泵具有良好的功率特性。

1.3　无过载设计法

潜水电泵在用户使用过程中，因无出口调节阀而使泵在大流量区运行时易出现过载现象，故在实践中发展了离心泵无过载设计法。

无过载设计法的指导思想是：能在大流量工况出现功率极值，即随着流量的增大，功率增加的趋势变缓甚至减小，以免电机过载。

无过载离心泵设计方法的实质就是降低离心泵的功率极大值。其主要应用是低比转速离心泵设计，目前对单级离心泵、多级离心泵和排污泵等都进行了深入研究。

1.3.1 无过载离心泵理论及设计方法

低比转速离心泵一般在最高效率点的右侧达到最大轴功率值，有时甚至在零扬程的流量处，根据该工况来确定原动机的配套功率显然是不合理的，因此希望最大轴功率位置尽可能接近设计点。由此首先需要确定离心泵最大轴功率处的流量，以及最大轴功率与设计点轴功率的比值。

$$\beta_2=\alpha_2' \tag{1-8}$$

式(1-8)就是离心泵轴功率出现极值的理论条件。由于叶片出口安放角 β_2 等于出口绝对液流角 α_2'，因此，在最大轴功率点，叶轮出口的速度三角形为等腰梯形。这就是离心泵饱和轴功率产生极值的理论条件，也是无过载离心泵设计的理论基础。

对单级单吸无旋进水的离心泵而言，当叶片出口安放角 $\beta_2<90°$时，离心泵轴功率曲线有极值，任意一台离心泵的最大轴功率值及其位置由下式预估：

$$P_{max}=\frac{\rho}{4\eta_m}K_3u_2^3D_2b_2\psi_2h_0^2\tan\beta_2 \tag{1-9}$$

$$Q_{max}=\frac{1}{2}K_4h_0\tan\beta_2\eta_v\pi D_2b_2\psi_2u_2 \tag{1-10}$$

式中，P_{max} 为最大轴功率；η_m 为机械效率；u_2 为叶轮出口圆周速度；ψ_2 为叶轮出口扬程系数；Q_{max} 为最大轴功率出现流量点；η_v 为容积效率；K_3、K_4 为修正系数，推荐 $K_3=1.0\sim1.1$，$K_4=1.05\sim1.15$；h_0 为滑移系数，其计算公式为

$$h_0=\frac{2Q_{max}}{\eta_vu_2\pi D_2b_2\psi_2\tan\beta_2}=\frac{2v_{m2}}{u_2\tan\beta_2} \tag{1-11}$$

式中，v_{m2} 为叶轮出口绝对速度的轴面分量。

1. 无过载离心泵设计的约束方程组

根据离心泵饱和轴功率特性产生的理论条件，推导出无过载离心泵设计的约束方程组：

$$\begin{cases}\Phi_{max}=\dfrac{1}{2}h_0\tan\beta_2\\[2mm]\dfrac{b_2}{D_2}=0.0003752n_s^{1.15}\ (20<n_s<80)\\[2mm]\tan\beta_2=\dfrac{n_s^{0.85}}{204h_0K_u^3}\\[2mm]1.0\leqslant Y=\dfrac{\pi D_2b_2\psi_2\sin\beta_2}{F_t}\leqslant2.0\end{cases} \tag{1-12}$$

式中，Φ_{max} 为最大轴功率点的流量系数；K_u 为叶轮圆周速度系数。

2. 无过载设计系数和步骤

对比转速 $n_s=30\sim250$ 范围内的离心泵，根据约束方程组，对现有离心泵的设计系数作了适当的修正，给出了适合于无过载离心泵设计的曲线图表，设计步骤如下：

① 给定设计参数（Q、H、n、η、P 等）；

② 计算比转速 $n_s=\dfrac{3.65n\sqrt{Q}}{H^{3/4}}$；

③ 由图 1-2 查得 K_u 和 b_2/D_2，由 K_u 计算 D_2，从而求得 b_2；

④ 由图 1-3 查得无因次系数 φ 和 ω_s；

⑤ 由图 1-4 查得 Φ 和 β_2，使所查得的 Φ 与设计点相接近；

⑥ 由图 1-5 查得 h_0；

⑦ 选择叶片数 Z，一般 $Z=3\sim8$，以 $Z=4\sim6$ 为优；

⑧ 叶轮其他各主要几何参数的选择、叶片绘型方法、泵的结构设计及泵体或导叶的设计均与普通设计方法相同；

⑨ 将所选择的叶轮各主要几何参数代入约束方程组和 P_{max} 及 Q_{max} 预估公式进行验算，如结果不理想，应修改有关参数，直到有令人满意的结果。

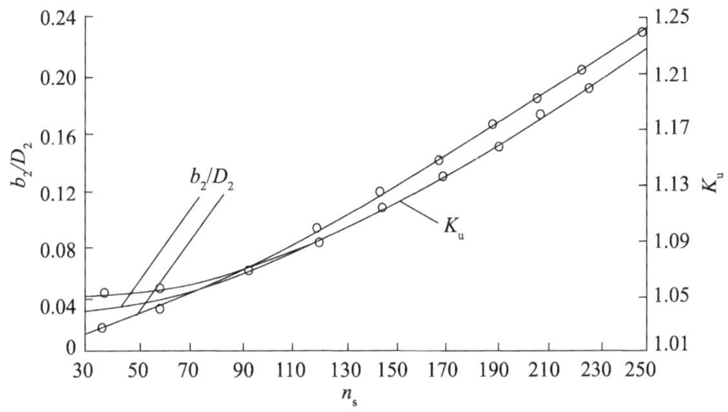

图 1-2　K_u 及 b_2/D_2 系数图

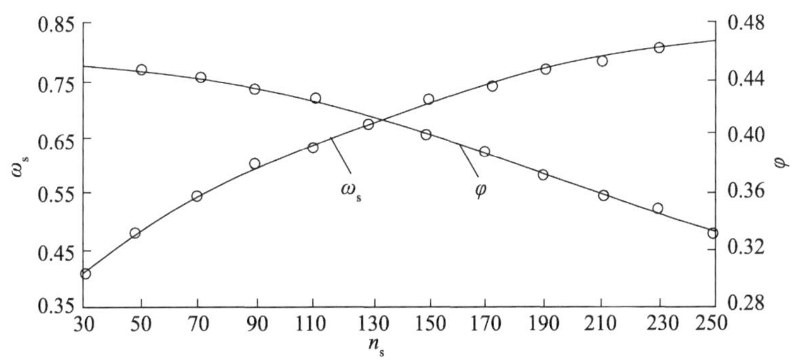

图 1-3　无因次系数 φ 和 ω_s

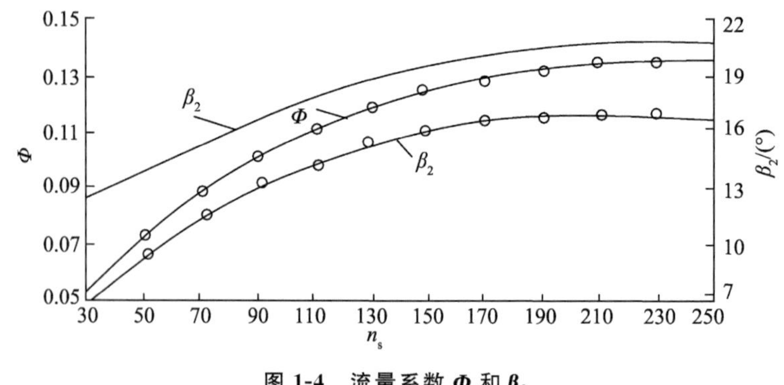

图 1-4　流量系数 Φ 和 β_2

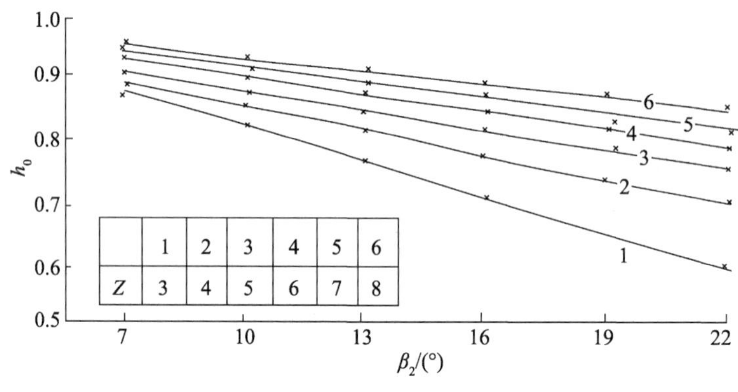

图 1-5　滑移系数 h_0

3. 主要几何参数的选择原则

(1) 选取较小的叶片出口安放角 β_2

由式 $\Phi_{max}=\frac{1}{2}h_0\tan\beta_2$ 可知，流量系数(或流量)越小，则 β_2 越小，即比转速 n_s 越低，β_2 越小。图 1-4 给出了不同 n_s 时 Φ 的推荐值，以及由式 $\Phi_{max}=\frac{1}{2}h_0\tan\beta_2$ 求得的 β_2 计算值。可知，为了获得无过载性能，需取很小的 β_2 值，但这对泵的其他性能(如扬程、效率、工艺性等)是不利的。因而在推荐值和计算值之间的值均可作为 β_2 的选取值，并与其他几何参数相协调。

(2) 选取较大的叶轮外径 D_2

叶轮外径 D_2 是影响扬程的主要参数，因无过载设计中选取较小的 β_2 等，故应适当增大 D_2，一般比普通叶轮增大 5%左右。图 1-2 给出了叶轮圆周速度系数 K_u 的推荐值，由 K_u 可计算得到 D_2。

(3) 选取较大的叶片出口宽度 b_2

图 1-2 给出了 b_2/D_2 的取值，并对低比转速泵已作修正，b_2/D_2 亦可用式(1-13)进行计算。进一步的研究认为，低比转速泵可适当增大 b_2 以提高性能和方便制造。

$$\frac{b_2}{D_2}=\frac{K_{b_2}}{K_{D_2}}=\frac{0.70\left(\frac{n_s}{100}\right)^{0.65}}{9.35\left(\frac{n_s}{100}\right)^{-0.5}}=0.0003752n_s^{1.15} \tag{1-13}$$

(4) 选取较小的叶片数 Z

过去低比转速泵叶片数较多，但目前大多为 6 片。在无过载叶轮设计中，为了获得陡降的扬程-流量曲线（相应于平坦的轴功率曲线），大幅度减少叶片数 Z 是有力措施之一。在无过载叶轮设计中，由于 β_2 较小、包角 θ 较大，若 Z 太多，则流道狭长且堵塞严重；若 Z 太少，则叶片对流体的控制又不够，性能也不理想，因此本书推荐无过载叶轮叶片数 $Z=4$。

(5) 选取较大的叶片包角 θ

为了提高 H-Q 曲线的陡降程度，需选取很少的叶片数（$Z=4$ 左右）和较小的叶片出口角 β_2（20°以内），这样叶片的包角就较大，一般为 $\theta=140°\sim170°$。这样既可以避免因 Z 过少而带来流体控制不良和流道扩散严重等问题，同时也可以扩大泵的高效区。

(6) 选取较大的叶片进口安放角 β_1

在无过载叶轮设计中，建议采用式(1-14)计算叶片进口安放角 β_1。

$$\sin\beta_1=\frac{w_2}{w_1}\frac{v_{m1}}{v_{m2}}\sin\beta_2 \tag{1-14}$$

对于离心泵的扩散型通道，相对速度比值 w_1/w_2 可取为 1.1～1.3，β_2 按上述方法选取，v_{m1} 和 v_{m2} 可按初步设计确定。一般 $\beta_1=20°\sim35°$，有时 β_1 高达 45°，这时因冲角过大，泵虽在小流量区性能欠佳，但在大流量区效率却相当高。经验表明，较大的 β_1 是可行的。

(7) 控制叶片形状和进口边位置

对于低比转速无过载叶轮，叶片一般设计成圆柱叶片以利于铸造。另外，叶片进口边减薄并前伸对泵效率的影响不明显，因为此时包角也增大了，可能带来水力摩擦损失的增加，所以叶片进口边只要适当前伸并减薄即可。

4. QY15-34-3 无过载设计实例

潜水电泵 QY15-34-3 的设计参数：$Q=15\ \mathrm{m^3/h}$，$H=34\ \mathrm{m}$，$n=2860\ \mathrm{r/min}$，$P=3\ \mathrm{kW}$，$\eta=55\%$。

根据计算，$n_s=48$。依据设计步骤选择如下参数并作适当修正：$K_u=1.054$，$b_2/D_2=0.033$，$\Phi=0.072$，$\beta_2=14°$，$b_2=6\ \mathrm{mm}$，$D_2=180\ \mathrm{mm}$，$Z=4$，$h_0=0.81$，$\psi_2=0.89$，$\beta_1=32°$，$\theta=177.7$。

试验结果如图 1-6 所示，在额定点达到设计要求，在整个性能范围内有 $P_{max}<P_{配}$，获得了优良的轴功率特性。叶轮的水力模型如图 1-7 所示。

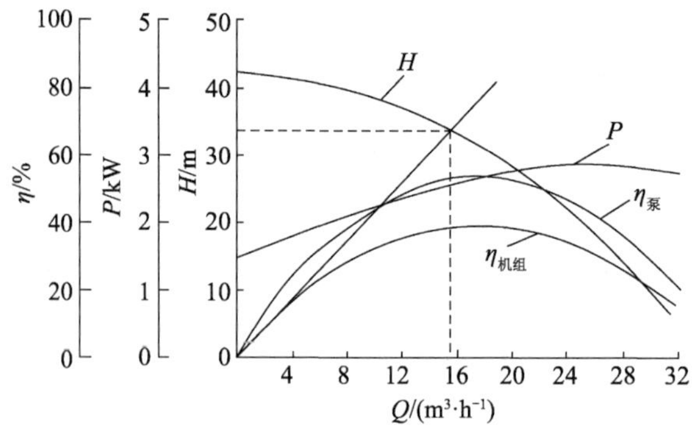

图 1-6　模型泵测试结果

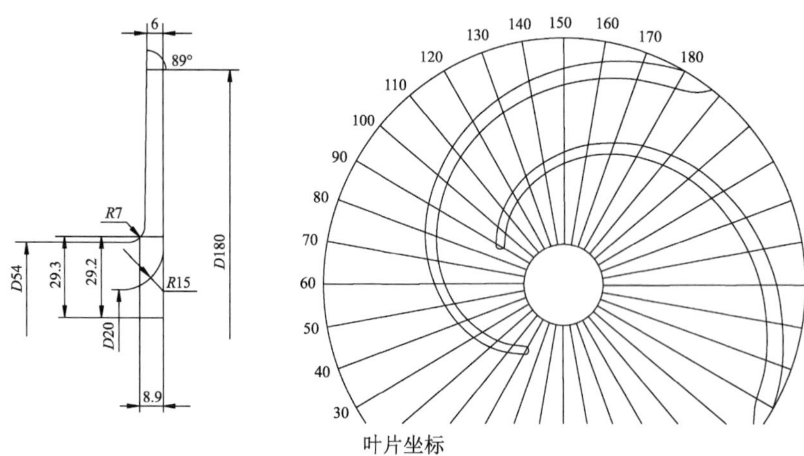

序号		1	2	3	4	5	6	7	8	9	10	11	12	13	14	15	16
工作面	θ	0°	13°	28°30′	43°50′	59°	73°50′	88°10′	102°	116°6′	129°30′	142°40′	155°20′	167°50′	177°40′		
	r	27	31	36	41	46	51	56	61	66	71	76	81	86	90		
背面	θ	0°	13°	28°	44°	59°	74°	88°	102°	116°	130°	143°	155°	168°	178°	188°	198°
	r	—	28.1	31	34	37.7	41.9	46.7	51	55.8	59.5	64	69.1	74	78.5	83.9	90

图 1-7　QY15-34-3 叶轮水力图

5. 基于 CFD 辅助设计 TS65-40-160 实例

TS65-40-160 的设计参数：$Q=30\ \mathrm{m^3/h}$，$H=31\ \mathrm{m}$，$n=2900\ \mathrm{r/min}$，配套功率 $P=5.5\ \mathrm{kW}$。设计要求：在全扬程范围内 $P_{\max}\leqslant 5.5\ \mathrm{kW}$；泵效率不低于福建省地方标准 DB35/T 1016—2010 规定的 68.7%。

(1) 原始设计方案分析

1) 性能与要求差异

扬程：关死点扬程基本达标，但在设计点和大流量点扬程低于设计要求 1～3 m，流量越大，差异越大；效率较低，但因厂家给出的是机组效率，所以无从判断泵效率；功率超过 5.5 kW 较多。

2）改进要点

微提扬程，大幅度提高效率，并偏重无过载特性的实现。因而改进的要点在叶轮的水力优化，蜗壳仍采用原始蜗壳。

3）原始方案主要设计参数

$D_2=168$ mm，$b_2=9$ mm，$D_j=72$ mm，$Z=6$，$\beta_2=31°$，$\varphi=123°$，$D_3=180$ mm，允许最大叶轮直径 170 mm。

（2）初步优化——主要几何参数的确定

1）比转速

$$n_s=\frac{3.65n\sqrt{Q}}{H^{3/4}}=\frac{3.65\times 2900\times\sqrt{30/3600}}{31^{3/4}}=75.40$$

属于低比转速离心泵的范畴。考虑到原始方案存在功率较严重过载问题，因此改进的主要思路是实现全扬程无过载特性。

2）叶片出口安放角 β_2

由低比转速离心泵无过载理论可知，为了获得无过载特性，需选取较小的 β_2 值，但这对泵的其他性能（如扬程、功率以及工艺性等）是不利的，因而需与其他几何参数相协调。根据以往的设计经验，综合考虑无过载性能和高效率，选取 $\beta_2=15°$。

3）叶轮外径 D_2

叶轮外径 D_2 是影响扬程的主要参数，因无过载设计中选取较小的 β_2 等，故应适当加大 D_2，一般比普通叶轮增大 5%左右。但本设计的初衷是尽可能不改变蜗壳，因而叶轮外径的最大取值不超过 170 mm，考虑到加工和装配方便，选取 $D_2=169$ mm。

4）叶片出口宽度 b_2

低比转速离心泵可适当增大 b_2 以提高性能和方便制造，亦可用由图 1-2 查得的 b_2/D_2 的参考系数，根据所取 D_2 值计算所需的 b_2 值。由图可查得比转速 75.40 对应的 b_2/D_2 值约为 0.04，因而粗算 $b_2=6.8$ mm。

b_2 还可以按低比转速离心泵常用的速度系数法估算：

$$b_2=K_{b_2}\sqrt[3]{\frac{Q}{n}},K_{b_2}=0.7\left(\frac{n_s}{100}\right)^{0.55}$$

式中，$K_{b_2}=0.7\left(\frac{n_s}{100}\right)^{0.55}=0.7\left(\frac{75.40}{100}\right)^{0.55}=0.6$，则 $b_2=K_{b_2}\sqrt[3]{\frac{Q}{n}}=0.6\times\sqrt[3]{\frac{30/3600}{2900}}=$ 8.53 mm。

再参考原始设计出口宽度为 9 mm，因为偏向无过载设计，出口安放角 β_2 选取了较小值，叶轮外径 D_2 基本没有加大，所以必须通过适当加大叶轮出口宽度保证扬程达到要求，因而取值 11 mm。

5）叶片数 Z

在无过载叶轮设计中，由于 β_2 较小、包角 θ 较大，若 Z 太多，则流道狭长且堵塞严重；

若 Z 太少，则叶片对流体的控制又不够，性能也不理想，因此本书仍推荐采用原始叶片数 $Z=6$。

6）叶片包角 θ

因为选取了较小的叶片出口角 β_2，所以为了获得较光顺的叶片型线，需要加大叶片包角，一般为 $\theta=140°\sim170°$，以增强流体控制能力和避免流道扩散严重，同时也可扩大泵的高效区。根据设计过程中方格网上型线的调整，取包角 $\theta=140°$。

7）叶片进口安放角 β_1

在无过载叶轮设计中，可采用下式来计算叶片进口安放角 β_1：

$$\sin\beta_1=\frac{w_2}{w_1}\frac{v_{m1}}{v_{m2}}\sin\beta_2$$

对于离心泵的扩散型通道，相对速度比值 w_1/w_2 可取为 1.1～1.3，β_2 按上述方法选取，v_{m1} 和 v_{m2} 可按初步设计确定。一般 $\beta_1=20°\sim35°$，本设计取 $\beta_1=28°$。

8）叶片形状和进口边位置

低比转速叶轮的叶片一般设计成圆柱叶片以利于铸造。但考虑到本叶轮进口直径(70 mm)比常规推荐值(60 mm)大一些，叶片进口适当扭曲并前伸仍可以铸造成型，而且通过叶片进口扭曲可以改善叶轮内部流动分布，有利于提高扬程和效率。

9）最大轴功率值及其位置预测

对任意一台单级单吸无旋进水的离心泵而言，当出口安放角 $\beta_2<90°$时，离心泵轴功率曲线有极值，其最大轴功率值及其位置由式(1-9)和式(1-10)预估。计算得 $P_{max}=5053.1\ \text{W}<5500\ \text{W}$(配套功率)，$Q_{max}=63.50\ \text{m}^3/\text{h}>54\ \text{m}^3/\text{h}$(最大流量点要求)，计算结果在预期范围内，因而确定初步改进后的水力设计图如图 1-8 所示。

初步优化方案 1 的主要设计参数：$D_2=168$ mm，$b_2=11$ mm，$D_j=72$ mm，$Z=6$，$\beta_2=15°$，$\theta=140°$。

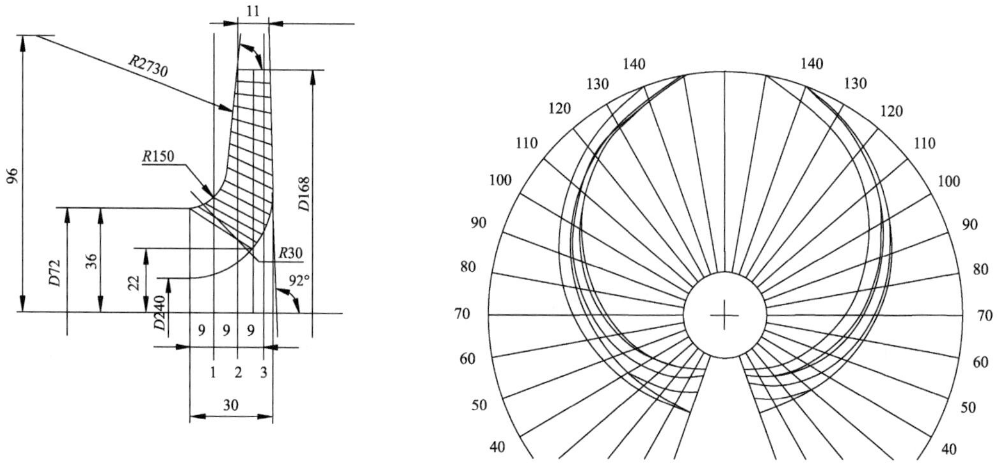

图 1-8　初步优化方案 1 叶轮水力图

(3) 初步优化方案 1 快速成型叶轮试验验证

采用快速成型工艺加工出初步优化方案 1 的叶轮，在厂里进行同台对比试验，试验数据如表 1-8 所示。

表 1-8　TS65-40-160 初步优化试验数据汇总

方案	最大扬程点		最大流量点		最大功率点		最高效率点		
	Q_{min}/(L・min^{-1})	H_{max}/m	Q_{max}/(L・min^{-1})	H/m	Q/(L・min^{-1})	P/kW	Q/(L・min^{-1})	H/m	$\eta_{实测}$/%
样本	300	34.5	800	25		5.5/6.875*			
工厂铸铁叶轮	300	32.98	800	21.77	826.92	6.71	605.58	27.81	46.19
初步优化方案 1	300	34.77	800	23.40	839.94	6.26	668.04	27.44	51.99

* 注：样本标注功率为 5.5 kW，但实际配套电机功率为 6.875 kW。

对比结果分析：该方案扬程基本达到了要求，机组效率虽然提高了近 6 个百分点(转换为泵效率估计在 8 个百分点左右)，但与福建省地方标准要求的 68.7%相比仍有差距，而且 48 m^3/h 流量工况的实测扬程只有 22.5 m，比样本扬程 25 m 低了 2.5 m，应该继续优化。

(4) 进一步优化设计方案

1) 优化思路

优化重点在于提高效率，微提大流量点扬程，功率特性保持现有水平。所以在初步优化方案 1 的基础上仅仅加大出口安放角 β_2，基于 CFD 技术反复模拟，确定在 $\beta_2=25°$的方案下有较好性能，估算最大轴功率值及其位置：

$$P_{max}=\frac{\rho}{4\eta_m}K_3u_2^3D_2b_2\psi_2h_0^2\tan\beta_2=5482.35\ \text{W}$$

$$Q_{max}=\frac{1}{2}K_4h_0\tan\beta_2\eta_v\pi D_2b_2\psi_2u_2=70.35\ m^3/h$$

计算得 $P_{max}<5500$ W(配套功率)，$Q_{max}>54\ m^3/h$(最大流量点要求)，虽然相比初步优化方案 1 功率略有增加，而且极值出现点的流量更大，但仍在预期范围内，进一步改进后的水力设计图如图 1-9 所示。

优化方案 2 的主要设计参数：$D_2=168$ mm，$b_2=11$ mm，$D_j=72$ mm，$Z=6$，$\beta_2=25°$，$\theta=130°$。

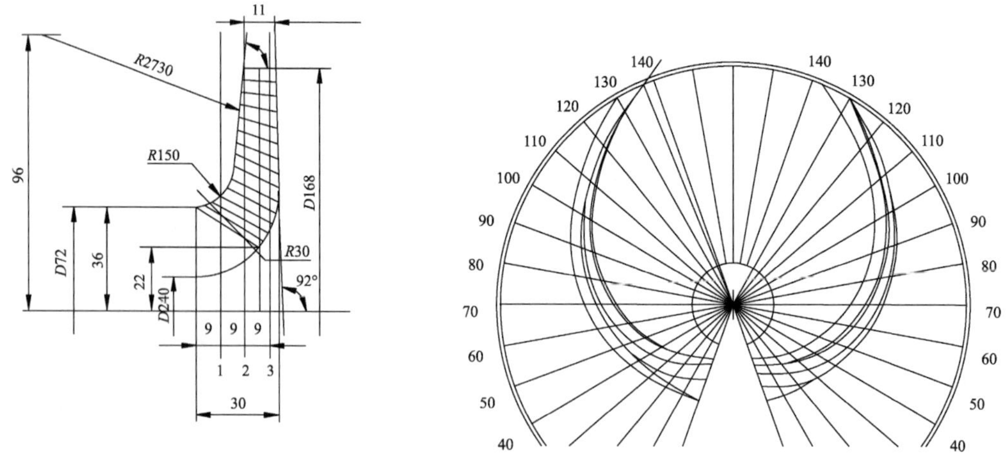

图 1-9　优化方案 2 叶轮水力图

2）基于 CFD 的性能预估

图 1-10 为优化方案 2 与原始方案及初步优化方案 1 的模拟性能对比图。从图中可以看出，优化方案 2 扬程在整个流量范围内提高都较明显，最高效率提高近 6 个百分点，功率虽然没有出现类似初步设计方案 1 的无过载特性，但其增加趋势已经趋于平坦，与理论计算结果（预估在 70 m^3/h 流量点后出现极值）相符，即优化方案 2 仍可出现功率极值。

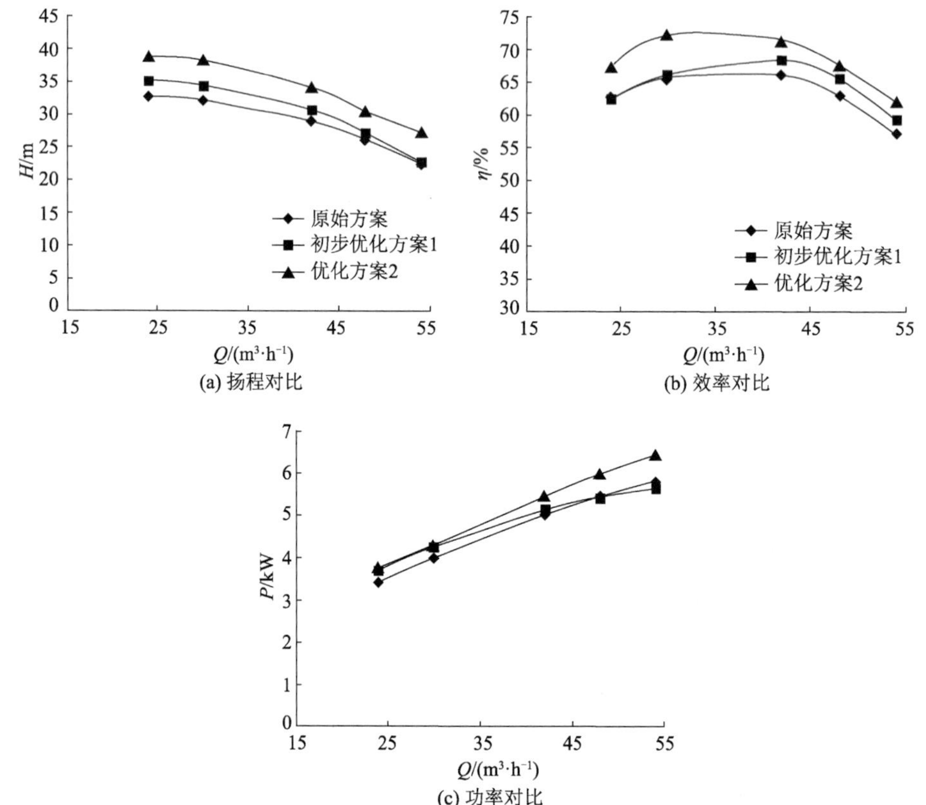

图 1-10　优化方案 2 与原始方案及初步优化方案 1 模拟性能对比

(5) 优化方案 2 快速成型叶轮试验验证

采用快速成型工艺加工出优化方案 2 的叶轮，在厂里进行同台对比试验，试验数据如表 1-9 所示。

表 1-9　TS65-40-160 优化后试验数据汇总

方案	最大扬程点		最大流量点		最大功率点		最高效率点		
	Q_{min}/(L·min^{-1})	H_{max}/m	Q_{max}/(L·min^{-1})	H/m	Q/(L·min^{-1})	P/kW	Q/(L·min^{-1})	H/m	$\eta_{实测}$/%
样本	300	34.5	800	25		6.875			
工厂铸铁叶轮	300	32.98	800	21.77	826.92	6.71	605.58	27.81	46.19
初步优化方案 1	300	34.77	800	23.40	839.94	6.26	668.04	27.44	51.99
优化方案 2	300	34.74	800	26.22	800.00	5.80	519.00	32.18	56.63

对比结果分析：该方案扬程在最大扬程点、设计点及最大流量点均达到且略高于要求指标；机组效率提高了约 10 个百分点(转换为泵效率在 12 个百分点左右)，且最高效率点偏向小流量点，根据福建省地方标准 DB35/T 1016—2010 附录 A 计算公式得到该型号标准机组效率值为 55.93%，因而此型号机组效率性能达标；最大轴功率在最大流量要求点 48 m^3/h 处远低于配套电机 6.875 kW 的输入功率值。

最终结论：叶轮按优化方案 2 模型开模生产。

1.3.2　无过载排污泵的设计方法

因为无过载排污泵属于离心泵范围，所以离心泵的设计方法也适用于无过载排污泵的设计，但排污泵是一种具有特殊性能的离心泵，考虑到排污泵所具有的特性，必须对现有的离心泵设计方法进行修正。

1. 无过载排污泵主要几何参数的确定

(1) 叶轮出口直径 D_2

推荐公式：

$$D_2 = k_{D_2}\sqrt[3]{\frac{Q}{n}},\ k_{D_2} = (11.52 \sim 11.90)\left(\frac{n_s}{100}\right)^{-1/2} \tag{1-15}$$

(2) 叶片出口宽度 b_2

① 考虑到污物通过能力，b_2 不能小于通过尺寸；

② 从提高泵效率考虑，希望选取的 b_2 尽量接近清水泵计算值；

③ 增大 b_2 应充分考虑到流道内尽可能无脱流旋涡和二次回流。

杂质泵：
$$b_2=K_{b_2}\sqrt[3]{\frac{Q}{H}},\ K_{b_2}=(1.0\sim1.4)\left(\frac{n_s}{100}\right)^{5/6} \tag{1-16}$$

单流道泵：
$$b_2=K_{b_2}\frac{\sqrt{2gH}}{n},\ K_{b_2}=0.0375n_s^{1.075} \tag{1-17}$$

双流道泵：
$$b_2=(0.65\sim0.75)D_j \tag{1-18}$$

(3) 叶片出口排挤系数 ψ_2

ψ_2 较小时，扬程曲线较陡，功率曲线平坦；ψ_2 较大时，扬程曲线平坦，有利于降低叶轮半径值。对于低比转速排污泵，ψ_2 可以在 0.8～0.9 之间选取，一般推荐值为 0.85。

(4) 叶片数 Z

双流道泵和单流道泵不存在叶片数选择问题，而低比转速杂质泵叶轮应遵循“少叶片大包角”的原则。综合众多的成功设计经验，建议叶片数按 2～4 片选取。

(5) 叶片出口安放角 β_2

确定 b_2、ψ_2 后，在 ω、Q_{sp} 及 H_{sp} 一定的条件下，利用以泵最大输入轴功率有极小值为主要目标的优化模型，可以解出 β_2。

$$\tan\beta_2=\frac{A\omega Q_{sp}}{H_{sp}}\cdot\frac{1}{b_2\psi_2}\cdot\frac{1}{2\pi g} \tag{1-19}$$

因为在低比转速排污泵中，Q_{sp}/H_{sp} 值很小，而 b_2 是偏大选用的，所以式(1-19)右端的值比较小，比转速越低越是这样。因此，上述正切函数是增函数，由此算出的 β_2 也比较小。

(6) 泵体喉部面积 F_t

选用较小的 F_t 可限制流量避免过载，而选用较大的 F_t 则不易获得无过载轴功率性能，对于排污泵，推荐面积比 Y 为

$$1.5\leqslant Y=\frac{\pi D_2b_2\psi_2\sin\beta_2}{F_t}\leqslant2.5 \tag{1-20}$$

叶轮其他各主要参数的选择、叶轮绘制方法、泵的结构设计及泵体和导叶的设计均与普通排污泵设计相同。

2. 无过载排污泵设计的约束方程组

为方便设计，给出叶片式杂质泵无过载排污泵设计的约束方程组为

$$\begin{cases}\tan\beta_2=\dfrac{A\omega Q_{sp}}{H_{sp}}\cdot\dfrac{1}{b_2\psi_2}\cdot\dfrac{1}{2\pi g}\\[2ex]\dfrac{b_2}{D_2}=0.00022n_s^{4/3}\\[2ex]1.5\leqslant Y=\dfrac{\pi D_2b_2\psi_2\sin\beta_2}{F_t}\leqslant2.5\end{cases} \tag{1-21}$$

式中，A 为修正系数。

从理论上讲，叶片式排污泵只要满足上述要求，就能保证其既满足性能要求又能在全

扬程范围内无过载。

3. 排污泵最大轴功率值及其位置的预测

任意一台排污泵的最大轴功率值及其位置可由下式确定：

$$\begin{cases} P_{\max}=\dfrac{\rho k_2}{4A\eta_m}u_2^3\pi D_2 b_2\psi_2 h_0^2\tan\beta_2 \\ Q_{\max}=\dfrac{k_1}{2A}h_0\tan\beta_2\eta_v\pi D_2 b_2\psi_2 u_2 \end{cases} \tag{1-22}$$

式中，k_1、k_2 为修正系数，推荐 $k_1=1.05\sim1.15$，$k_2=1.0\sim1.1$；η_v 为容积效率，$\dfrac{1}{\eta_v}=1+0.68n_s^{-\frac{2}{3}}$；$\eta_m$ 为机械效率，$\eta_m=1-0.07\dfrac{1}{(n_s/100)^{7/6}}$。

4. 设计实例

以型号为 MPC150 的水泵为例。设计参数：$Q=5\ \mathrm{m^3/h}$，$H=20\ \mathrm{m}$，$n=2900\ \mathrm{r/min}$，$P=0.75\ \mathrm{kW}$，通过颗粒直径<4 mm。设计要求：在全扬程范围内 $P_{\max}\leqslant0.75\ \mathrm{kW}$，性能参数达到规定的设计要求。设计步骤如下：

① 计算比转速 n_s，$n_s=\dfrac{3.65n\sqrt{Q}}{H^{3/4}}=41.7$；

② 计算 D_2，$D_2=145\ \mathrm{mm}$；

③ 计算 b_2，$b_2=5\ \mathrm{mm}$；

④ 选择 ψ_2，$\psi_2=0.85$；

⑤ 选择叶片数 Z，$Z=4$；

⑥ 将 b_2、ψ_2 代入式(1-19)可得，$\beta_2=\arctan\left(\dfrac{A\omega Q_{sp}}{H_{sp}}\cdot\dfrac{1}{b_2\psi_2}\cdot\dfrac{1}{2\pi g}\right)=5°$。

测试结果如图 1-11 所示，泵的性能参数已达到设计要求。

$$P_{\max}=605\ \mathrm{W}<750\ \mathrm{W},\ Q_{P_{\max}}=6.3\ \mathrm{m^3/h}$$

由式(1-22)可计算出 $P_{\max计}$ 和 $Q_{P_{\max计}}$。

$\eta_m=0.8$，$\eta_v=0.95$，$u_2=22\ \mathrm{m/s}$，$h_0=0.9$，$\rho=1000\ \mathrm{kg/m^3}$，$A=0.9$

$$\begin{aligned} P_{\max计}&=\frac{k_2\rho}{4\eta_m A}u_2^3\pi D_2 b_2\psi_2 h_0^2\tan\beta_2 \\ &=\frac{1000}{4\times0.8\times0.9}\times22^3\times3.14\times0.145\times0.005\times0.90^2\times\tan5°\times0.85\times1.1 \\ &=557.75\ \mathrm{W} \end{aligned}$$

$$\begin{aligned} Q_{P_{\max计}}&=\frac{k_1}{2A}h_0\tan\beta_2\eta_v\pi D_2\psi_2 u_2 \\ &=\frac{1}{2\times0.9}\times0.9\times\tan5°\times0.95\times3.14\times0.145\times0.005\times0.85\times22\times1.05\times3\ 600 \\ &=6.68\ \mathrm{m^3/h} \end{aligned}$$

$$\Delta P_{\max}=\frac{P_{\max}-P_{\max计}}{P_{\max计}}=\frac{605-557.75}{557.75}=8.47\%$$

$$\Delta Q_{P_{\max}}=\frac{Q_{P_{\max}}-Q_{P_{\max计}}}{Q_{P_{\max计}}}=\frac{6.3-6.68}{6.68}=5.69\%$$

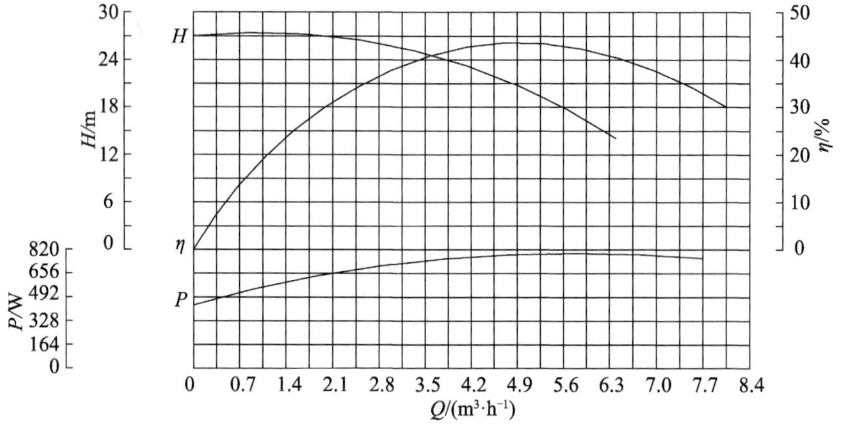

图 1-11　无过载污水泵的性能曲线

可见，最大轴功率误差较小，计算值和实测值仅相差 0.1%。最大轴功率位置误差较大，这是由于在选择各系数时其本身就具有很大的近似性，是一些半经验半理论的结果。同以往的设计方法相比，此设计方法最大的特点是在选择几何参数时是以降低最大轴功率为主要目标来进行的，从而使最大轴功率能准确地出现在设计点附近。根据本设计方法计算出的 β_2 较小，由于 β_2 对 H 的影响并不显著，因此对效率的影响很小。而通常在设计时为了追求高效率和高扬程，选择的 β_2 偏大(一般为 8°～15°)，最大功率发生处的流量比设计点处的流量大，轴功率也比设计点处的轴功率大，这是一种普遍现象，因此泵的 P-Q 曲线一直上升，往往在最大流量点处也没有出现极大值。例如，如果本例 β_2 取 10°，通过计算得 $P_{\max}=919\ \text{W}>557.75\ \text{W}$，$Q_{P_{\max}}=11.55\ \text{m}^3/\text{h}>6.68\ \text{m}^3/\text{h}$，所以在泵所能达到的流量范围内很难出现极值点。通过以上分析得到了令人较为满意的结果，说明提出的方法是正确的，能够指导设计工作。

第2章

低比转速特殊泵型

2.1 旋涡泵

2.1.1 结构简介

旋涡泵结构图如图 2-1 所示。它主要由叶轮(外缘部分带有许多个径向叶片的圆盘)、泵体和泵盖组成。泵体和叶轮间形成环形流道,液体从吸入口进入,通过旋转的叶轮获得能量,到排出口排出。吸入口和排出口间有隔板,隔板与叶轮间有很小的间隙,由此使吸入口和排出口隔离开,如图 2-2 所示。

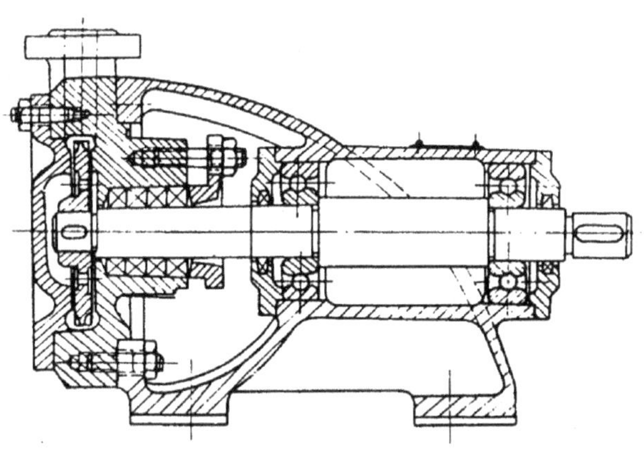

图 2-1　旋涡泵结构图

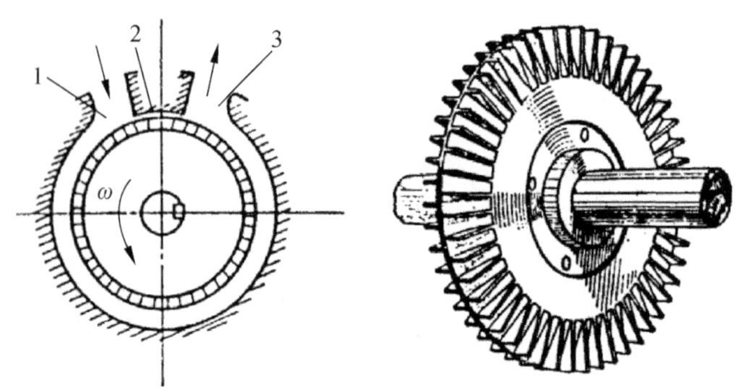

1—吸入口；2—隔板；3—排出口。

图 2-2　内部流道和叶轮

2.1.2　工作原理

旋涡泵通过叶轮叶片把能量传递给流道内的液体，这种通过三维流动的动量交换传递能量的过程会在整个泵的流道内重复多次，因此旋涡泵具有其他叶片式泵所不可能达到的高扬程。图 2-3 是液体在旋涡泵内运动的示意图。

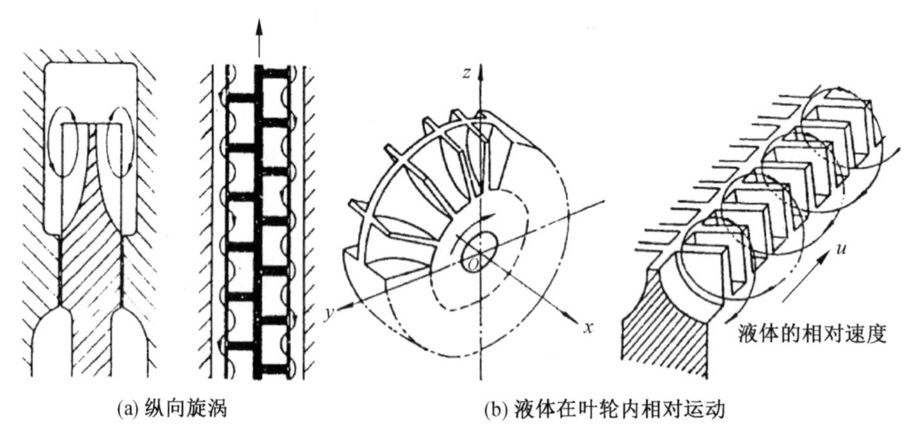

(a) 纵向旋涡　　(b) 液体在叶轮内相对运动

图 2-3　液体在旋涡泵内运动示意图

由于叶轮转动，叶轮内和流道内液体产生圆周运动，叶轮内液体的圆周速度大于流道内液体的圆周速度，即叶轮内液体的离心力大，形成图 2-3 所示的从叶轮向流道的环形流动，这种流动类似旋涡，旋涡泵由此而得名。此旋涡矢量垂直于轴面，指向沿流道的纵向长度，故又称此旋涡为纵向旋涡。

液体从叶轮叶片间进入流道中，将从叶片获得的一部分动能传递给泵流道中的液体，这样就给液体一个沿着旋转方向的冲量；同时一部分能量较低的液体又进入叶轮中，液体依靠纵向旋涡在流道内每经过一次叶轮就获得一次能量。这就是旋涡泵扬程高于一般叶片式泵的原因。

除纵向旋涡外，在旋涡泵叶片进口部分还存在径向旋涡。图 2-4 所示为液体流入和流出旋涡泵叶轮时的速度三角形。

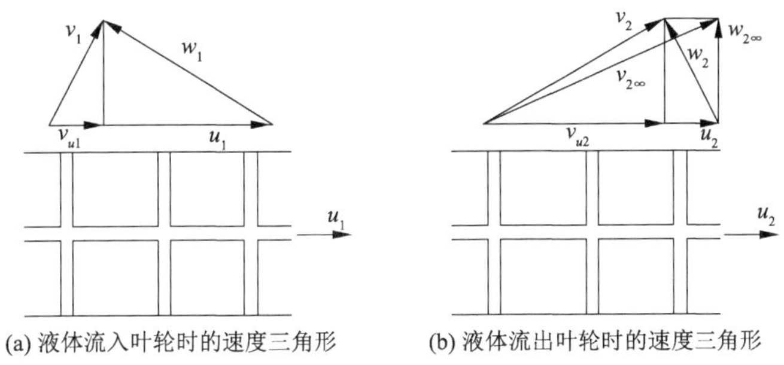

(a) 液体流入叶轮时的速度三角形　(b) 液体流出叶轮时的速度三角形

图 2-4　液体流入和流出旋涡泵叶轮时的速度三角形

由图可知，液体流入时的冲角很大，因此在进口处由于相对速度（w_1）偏离叶片而形成旋涡，此旋涡矢量与叶片进口边相平行，即与叶轮的径向相平行，故称为径向旋涡。此旋涡时而被带入叶片之间，但此时它不起任何补充传递能量的作用；时而被带到流道内，此时它会把自己的一部分能量传递给流道内的液体。

纵向、径向旋涡同时存在，并同时传递能量，究竟哪一种占优势，取决于叶轮和流道几何尺寸的比例及形状，并与泵的工况有关。对于一般旋涡泵，液体把径向旋涡带到流道中的可能性不大，因而径向旋涡的作用很小，可以忽略不计。

纵向旋涡的强弱直接与流道内的液体速度有关，也就是与流量大小有关，随流量增加，纵向旋涡减弱。设流道内的液体速度为 v，流道断面面积为 A，当 $v=u$，即 $Q=Au$ 时，叶轮和流道内液体离心力相等，不产生纵向旋涡。而当 $v=0$，即 $Q=0$ 时，离心力相差最大，纵向旋涡最强。

由于旋涡泵是借助从叶轮中流出的液体和流道内的液体进行动量交换（撞击）传递能量的，伴有很大的撞击损失，所以旋涡泵的效率比较低。

2.1.3　基本方程式

液体流经叶轮一次所产生的理论扬程为

$$H_{1t}=\frac{1}{g}(u_2 v_{u2}-u_1 v_{u1}) \tag{2-1}$$

液体流经叶轮 i 次所产生的理论扬程为

$$H_{it}=iH_{1t}=i\ \frac{1}{g}(u_2 v_{u2}-u_1 v_{u1}) \tag{2-2}$$

速度 v_{u2}、u_1、v_{u1} 皆与 u_2 成比例，则扬程为

$$H=H_{it}\eta_h=k\ \frac{iu_2^2}{2g}\eta_h \tag{2-3}$$

式中，η_h 为水力效率。

若令 $\psi=\eta_h ik$，则可得到旋涡泵的基本方程式：

$$H=\psi\ \frac{u_2^2}{2g} \tag{2-4}$$

式中，ψ 为扬程系数，目前还不能精确计算，只能用统计方法按比转速确定。

2.1.4 应用及特点

旋涡泵主要用于化工、医药等工业流程中输送高扬程、小流量的酸、碱和其他具有腐蚀性及易挥发性的液体，也可作为消防泵、锅炉给水泵、船舶供水泵和一般增压泵使用。其特点如下：

① 高扬程、小流量，比转速一般小于 40；

② 结构简单、体积小、重量轻；

③ 具有自吸能力或可借助于简单装置实现自吸；

④ 具有陡降的扬程-流量曲线和功率-流量曲线；

⑤ 某些旋涡泵可以实现气液混输；

⑥ 效率较低，一般为 20%～40%，最高不超过 50%；

⑦ 抗汽蚀性能较差；

⑧ 随着抽送液体黏度的增大，泵效率急剧下降，因而不适宜输送黏度大的液体；

⑨ 旋涡泵隔板处的径向间隙和轮盘两侧与泵体间的轴向间隙很小，一般径向间隙为 0.15～0.30 mm，轴向间隙为 0.07～0.15 mm，因而对加工和装配精度要求较高；

⑩ 当抽送液体中含有杂质时，因磨损导致径向间隙和轴向间隙增大，故泵的性能会降低。

2.1.5 设计实例

以多级旋涡自吸泵 20WZ-12×2 为例。

① 给定参数：$Q=1.44\ \mathrm{m^3/h}=0.0004\ \mathrm{m^3/s}$，$H_i=12$ m，$H=24\sim48$ m。要求自吸并能气液混输。

② 转速 n 的确定：因为要求自吸并能气液混输，所以取 $n=1460$ r/min。

③ 比转速的计算：$n_s=\dfrac{3.65n\sqrt{Q}}{H^{3/4}}=16.5$。

④ 结构形式的确定：为了实现自吸和气液混输，选用开式叶轮，闭式流道半圆形断面（见图 2-5）。

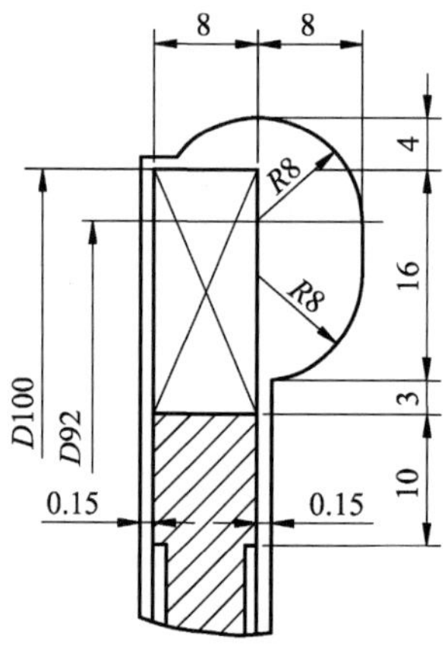

图 2-5 多级自吸泵 20WZ-12×2 水力尺寸

⑤ 流道断面重心直径 D 的计算：由图 2-6 可知，若 $\psi=4.5$，则 $D=\frac{84.6}{n}\sqrt{\frac{H}{\psi}}=0.0945$ m，取 $D=94.5$ mm。

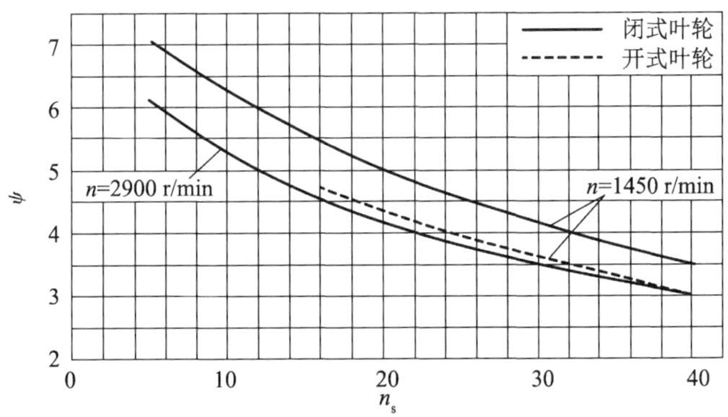

图 2-6　ψ 与 n_s 的关系曲线

⑥ 流道断面面积 A 的计算：选取 $K_v=0.6$，$\eta_v=0.65$，则 $A=\frac{Q}{K_v\eta_v u}=0.00014\ \mathrm{m}^2$。

⑦ 叶轮宽度 b 的计算：取 $a=0.5b$，查表 2-1 得 $k=0.308$，则 $b=k\left(\frac{Q}{K_v\eta_v}\right)^{1/2}\left(\frac{\psi}{H}\right)^{1/4}=0.00775$ m，取 $b=8$ mm。

表 2-1　叶轮宽度系数 k

叶轮型式	闭式				开式			
	梯形			矩形	半圆形			矩形
流道尺寸	$a=0.25b$	$a=0.3b$	$a=0.35b$		$a=0.5b$	$a=0.6b$	$a=0.7b$	
系数 k	0.461	0.447	0.431	$\frac{0.475}{\left[\frac{a}{b}+2\frac{c}{b}\left(\frac{a}{b}+\frac{h}{b}\right)\right]^{\frac{1}{2}}}$	0.308	0.296	0.286	0.36

⑧ 流道水力尺寸的确定：根据最佳尺寸比可知，$c\approx b=8$ mm，$h\approx 2b=16$ mm，$a\approx 0.5b=4$ mm，$e\approx 0.4b=3.2$ mm，取 $e=3$ mm，$R_1\approx b=8$ mm，$R_2\approx b=8$ mm，$R_3\approx b=8$ mm。根据以上尺寸作图 2-5，量得流道断面实际面积为 $0.000152\ \mathrm{m}^2$，比计算的面积稍大，所以确定的水力尺寸是合适的。

⑨ 叶轮直径 D_2 的计算：$D_2\approx D+b=94.5+8=102.5$ mm，取 $D_2=100$ mm。

⑩ 叶片长度 L 的计算：$L=h+e=19$ mm。

⑪ 叶轮端面空刀处密封尺寸的确定：取 $y=10$ mm。

⑫ 叶轮叶片数的确定：取 $Z=24$ 片。

⑬ 叶片端面形状的确定：根据压铸特点，选取梯形截面叶片。

⑭ 间隙的确定：$\delta_1=0.10\sim0.15$ mm，$\delta_2=0.05\sim0.24$ mm。

⑮ 进、出口直径 d 的确定：选 $v=1.5\ \mathrm{m/s}$，$d=\sqrt{\dfrac{4Q}{\pi v}}=0.0184\ \mathrm{m}$，又 $d=b+c=16\ \mathrm{mm}$，取 $d=20\ \mathrm{mm}$。

2.2 旋壳泵

2.2.1 概述

1. 简介

旋壳泵是一种小流量、高扬程、结构和工作原理都很独特的单级泵。其比转速一般在30以下，属于超低比转速泵。由于设计时采用常规离心泵离心增压和航天技术中冲压滞止增压的原理，因而构成了迄今世界上结构最简单、尺寸紧凑、压力高、运行最稳定的单级高压泵。旋壳泵在运行稳定性和使用寿命等方面明显优于其他类型的高压泵。

2. 国内外旋壳泵研究发展概况

旋壳泵的结构原理是在1923年由Krogh提出的，他把皮托管的原理推广应用于泵的设计，故所设计的泵称为皮托泵。但当时的泵是开式的，直到20世纪20年代人们才研制出了闭式的旋壳泵。旋壳泵最初在第二次世界大战时期用于火箭和导弹中。后来由于石油、化工行业的发展，需要一种可以随意调节流量和在扬程曲线上全范围工作的性能稳定的高压泵，而旋壳泵恰好可以满足这种要求。在此背景下，旋壳泵开始迅速发展。表2-2是旋壳泵在国外的发展历史，在国外，旋壳泵已具有比较令人满意的性能。

表2-2 旋壳泵在国外的发展历史

年份	事件
1960	Challenge-cook brothers 公司获得了基础旋壳泵的专利
1971	Kobe 公司(Baker 国际公司的一个分公司)购买了旋壳泵的专利和生产制造权
1972	Kobe 公司出售了第一代新型设计的旋壳泵 RB
1972—1979	Kobe 公司建立了6条基于皮托泵技术的独立泵生产线，并获得了关于皮托泵设计的35项专利
1984	Baker 国际公司将旋壳泵的产品生产线应用到 Baker 起重系统公司
1985	旋壳泵的一个更小的类型 R11 产生
1987	Baker 国际公司与 Hughes Tool 公司合并，随后重组后的公司创建了一个新的分公司——环境技术泵系统公司
1994	发明两种新的旋壳泵：一种是加大流量的泵；另一种是立式旋壳泵。立式设计获得了专利，Baker Hughes 公司将环境技术泵系统公司卖给了 Weir 集团下的位于苏格兰格拉斯哥的一个分公司

在国内，旋壳泵的发展基本上经历了“引进—消化吸收—开发生产”这一过程。

我国最早引进旋壳泵是在1987年左右，在炭黑新工艺改造中用于原料油的输送。引进美国两台 RO-S266 型旋壳泵投入运行半年后，其运行状况仍然具有无脉动流动、压力稳定、运转平稳、不需检修、不磨损零件的特点。

1988 年，龙兴茂等详细介绍了旋壳泵的结构和原理，列出了其系列产品的性能范围和所用材料，并说明了旋壳泵在小流量、高扬程范围内的发展前景。董长善专门对美国贝克休斯(Baker Hughes)公司的旋壳泵进行了介绍，详细列出了贝克休斯公司生产的 3 种旋壳泵的主要参数和主要部件的材料。

1989 年北京化工机械厂开始对旋壳泵进行调研和试制，1992 年通过化工部鉴定。其中有 2 台泵在天津炭黑厂进行了工业性考核试验，使用良好。试验验证表明，旋壳泵的扬程和功率曲线都比较平缓，效率比高速泵要高 6%～8%。

2.2.2　结构简介

旋壳泵结构图如图 2-7 所示。旋壳泵结构上最主要的特点就是叶轮与转子腔连在一起构成转子，在转子腔内的集流管静止不动，随着转子的高速旋转，介质不断从泵的入口吸入并获得能量，从而具有很高的动能，高速介质进入集流管后发生能量转化，动能转化为压力能后，成为平稳的高压介质输出。

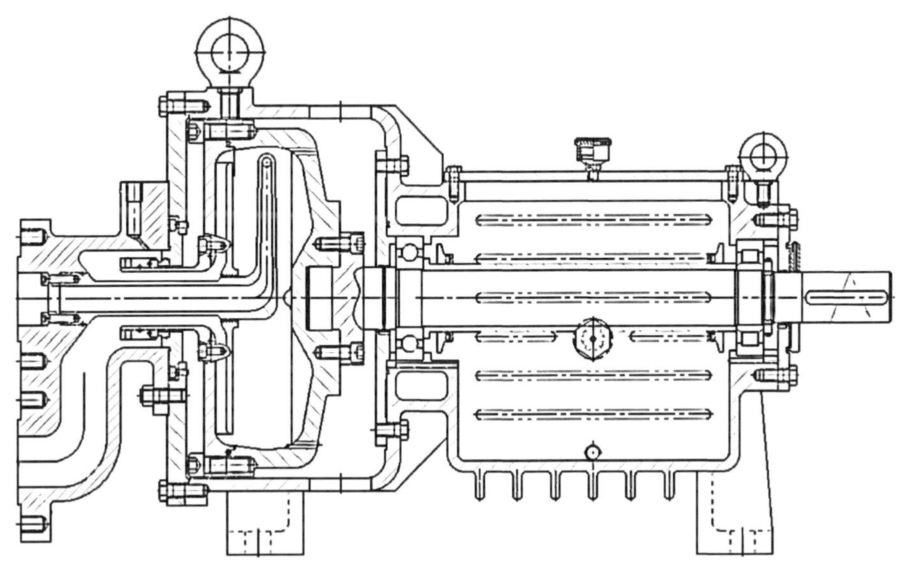

图 2-7　旋壳泵结构图

2.2.3　工作原理

旋壳泵内有两个基本工作部件：一个旋转的转子和一个固定的集流管(又叫接收管、皮托管)。如图 2-8 所示，流体从进口管轴向吸入，在离心力的作用下，从叶轮外缘径向甩出，使速度和压力增大；随后进入旋转的转子腔，继续高速旋转时被集流管滞止，其动能进一步转化为平稳、无脉动的压力能后从出口管排出。

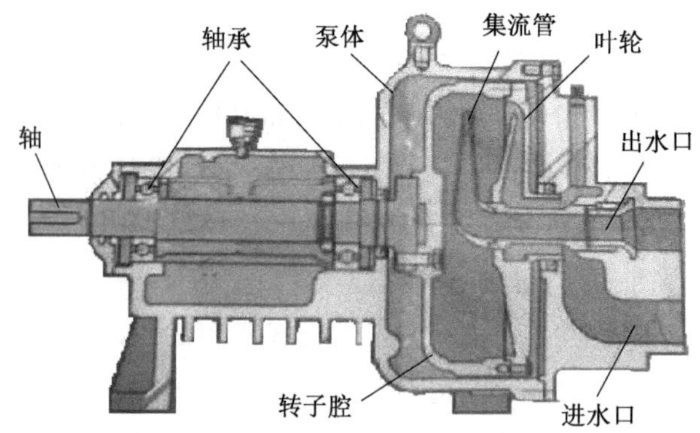

图 2-8　旋壳泵结构示意图

从原理上看，虽然流体经过两次增压，但是提供能量的部件只有叶轮，不考虑流体的黏性时，转子腔本身的旋转并不能对流体做功。同时，集流管之所以使流体压力进一步增大，是因为它将流体的一部分动能转化为了压力能，而不是其本身可以提供能量。

2.2.4　水力设计

1. 叶轮的水力设计

(1) 简介

从离心泵的工作特点可知，在泵的级数和转速已定的前提下，要获得更高的扬程，就必须加大叶轮外径和叶片出口安放角。而叶片出口安放角不能无限制加大，否则会使流道扩散严重，容易引起叶轮流道产生脱流，导致泵的性能恶化。

加大叶轮外径可有效提高泵的扬程，但圆盘摩擦损失会随之增大，泵效率也会随之降低，这也就是低比转速泵效率低的主要原因。

针对上述特点，一般设计时采用复合叶轮。如图 2-9 所示，在叶轮流道容易产生回流和脱流的部位增设短叶片，来改善叶轮流道内的速度分布，有效阻止附面层分离和脱流产生。同时，由于总叶片数增加，可以采用较大的叶片出口角。

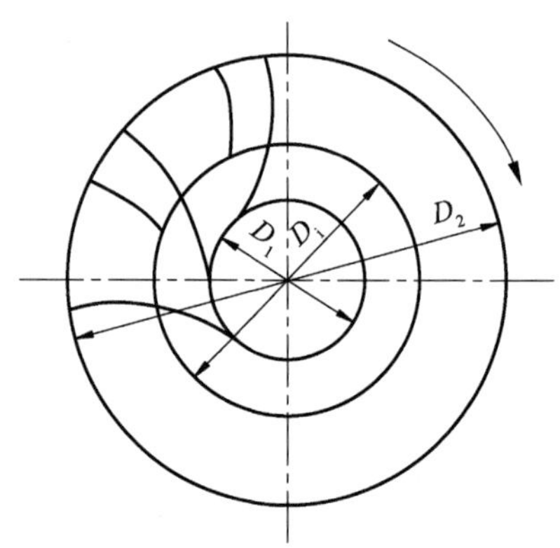

图 2-9　S 形叶片设计示意图

(2)S 形叶片设计理论

1) 泵的理论扬程 H_t 为

$$H_t=\frac{u_2}{g}\left(\sigma u_2-\frac{Q_t}{\pi D_2 b_2 \psi_2 \cdot \tan\beta_2}\right) \tag{2-5}$$

式中，H_t 为泵的理论扬程；σ 为斯托道拉滑移系数；ψ_2 为叶轮出口排挤系数；D_2 为叶轮外径；b_2 为叶片出口宽度；β_2 为叶片出口安放角；u_2 为叶轮出口圆周速度；Q_t 为泵的理论流量。

2) 叶轮外径 D_2

叶轮外径 D_2 可依据如下经验公式确定：

$$D_2=\frac{60}{\pi n}\left(\frac{gH}{\varphi}\right)^{1/2} \tag{2-6}$$

注：在 $n_s\leqslant 30$，$n=2900$ r/min 时，笔者建议取 $\varphi=0.67$。

3) 短叶片入口处直径 D_i

在叶片数较多的情况下确定 D_i 的一个准则为

$$0.9\leqslant\frac{w_1}{w_i}\leqslant\frac{w_1}{w_2}\leqslant 1.7 \tag{2-7}$$

$$D_i=(0.4\sim 0.6)(D_1+D_2) \tag{2-8}$$

式中，w_1、w_2、w_i 分别为叶片进口、出口和短叶片入口处的液流相对速度，m/s。

4) 叶片出口安放角 β_2

由于转子腔和叶轮一起旋转，从而降低了相对速度，使圆盘摩擦损失显著减少，泵的特性曲线相对平坦。同时，设置短叶片可以有效地阻止脱流和二次流的产生，这样旋壳泵的叶片出口安放角可以取大些，以提高扬程系数。根据经验，可取 $85°\leqslant\beta_2\leqslant 95°$。

5) 叶片数 Z

设计时考虑到旋壳泵叶轮流道狭长，为保证液流的稳定性和叶片对液体的充分作用，取复合叶轮进口叶片数为 $4\leqslant Z_1\leqslant 8$，出口叶片数为 $Z_t=kZ_1(k=1,2,3)$。

6) 叶片进口安放角 β_1

考虑到叶片进口安放角 β_1 对汽蚀性能的影响，结合设计经验，叶片进口安放角取 $15°\leqslant\beta_1\leqslant 25°$。

7) 叶片出口宽度 b_2

由于流量小，旋壳泵的叶片宽度较窄。相关文献给出了旋壳泵叶片出口宽度 b_2 的预估公式：

$$0.635\left(\frac{n_s}{100}\right)^{5/6}\left(\frac{Q_t}{n}\right)^{1/2}\leqslant b_2\leqslant 0.780\left(\frac{n_s}{100}\right)^{1/2}\left(\frac{Q_t}{n}\right)^{1/3} \tag{2-9}$$

2. 集流管设计方法

集流管是旋壳泵的重要过流部件之一。其主要作用是：收集转子腔内的高速旋转的液体，并通过锥形渐变管将液体动能转变成压能(集流管本身不提供能量)，使被输送的液体在管路中以能量损失最小的速度运动。

目前国内出现的集流管内部结构型式有两种，如图 2-10 所示。第一种型式的扩散段比较长，使液体可以最大限度地将动能转变为压能，但其内部断面的变化比较复杂，流动状况也比较复杂，引起流动损失的因素就比较多，并且加工制造的难度也比较大。第二种型式的扩散段较短，使液体的动能转化不充分，但其内部断面的变化比较简单，流动状况也很简单，引起流动损失的因素比较少。

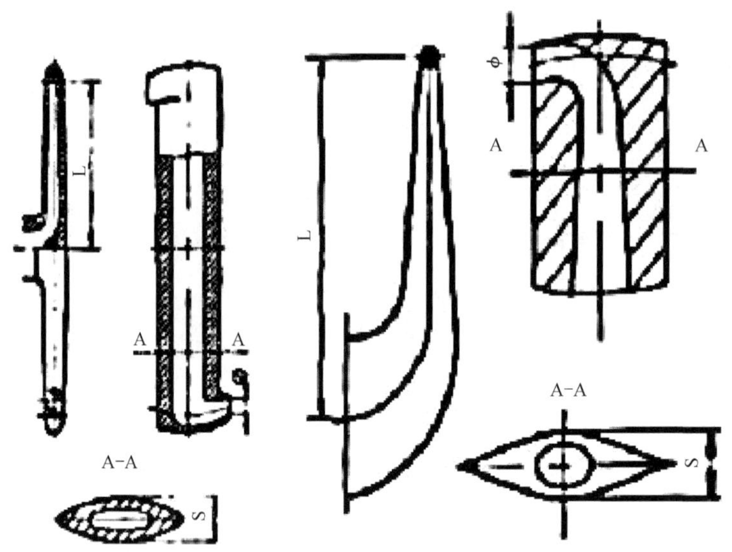

图 2-10　集流管内部结构型式

旋壳泵利用皮托管原理就直接体现在集流管上，集流管与转子腔组合在一起就相当于一般离心泵的蜗壳。因此，集流管的各项参数，如进口直径、扩散段长度、出口直径、扩散角等，对旋壳泵的效率有很大的影响。集流管由两个直管段和一个扩散段组成，结构示意图如图 2-11 所示。

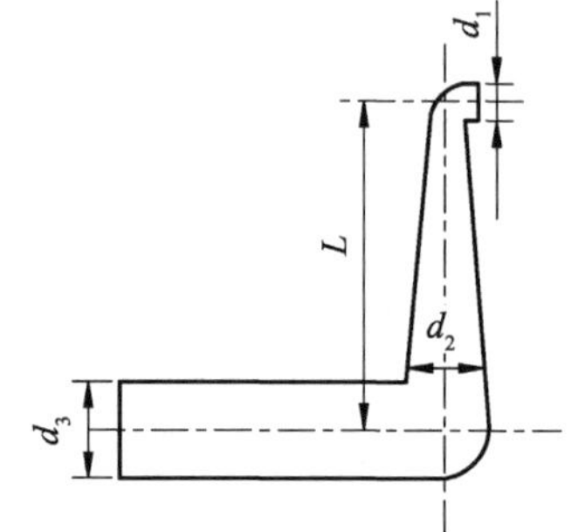

图 2-11　集流管结构示意图

(1) 集流管的进口直径 d_1

由 $Q=A\times v\times \eta$，$A=\pi d_1^2/4$，根据 $v=\varphi u_2$，可以求得 d_1。这里 φ 为集流管入口处的流速系数，初步计算时取 $\varphi=0.5\sim0.6$，则

$$d_1=\sqrt{\frac{4Q}{\pi\varphi u_2\eta}}$$

式中，u_2 为叶轮出口圆周速度；η 为集流管入口处的效率。

(2) 集流管出口直径 d_3

集流管的出口直径 d_3 根据标准管道尺寸选取，其值等于泵出口直径 D_d，即

$$D_d=(0.7\sim1.0)D_s$$

$$D_s=\sqrt{\frac{4Q}{\pi v_s}}$$

$$d_3=D_d$$

式中，v_s 为泵进口流速；D_s、D_d 分别为泵进、出口直径。

(3) 集流管的扩散段长度 L

为了使集流管能充分利用转子腔中流体的旋转动能，一般应使管子竖立在流体的最大圆周速度处，即

$$L=\frac{D_2}{2}-d_1-\frac{d_3}{2}$$

(4) 集流管的最佳扩散角 α

集流管的最佳扩散角一般取 $\alpha=5^\circ$。

2.3 高速泵

高速泵又称部分流泵(简称分流泵)，由美国 Sundynl 公司首先研制成功，主要用于火箭发动机中，在石化工业中也可部分代替旋涡泵和往复泵。高速泵属高扬程、小流量泵，过流部件和结构形状与一般离心泵不同，可以说是基于新的理论研制成功的一种新型泵。

目前高速泵的转速可达 30000 r/min，扬程在 2000 m 以上。

增速器是高速泵的重要部件，而高速机械密封又是高速泵能否长期安全运转的关键。

2.3.1 工作原理和特性

高速泵的过流部件由吸入管、叶轮、外周环形空间和排出扩散管组成。

叶轮没有前后盖板，是开式的，叶片为放射直叶片。这种直叶片叶轮在环形空间内旋转，可以近似认为流体的旋转速度和叶轮的旋转速度相等，即 $c=u$，也就是说流体相对于叶轮没有相对速度。实际上，由于 u 很高，所以相对速度很小。因 $c_{u2}\approx u_2$，故

$$H=\psi\frac{u_2^2}{g}$$

式中，ψ 为扬程系数，通常 $\psi=0.6\sim0.7$。

在高速泵中，流体在叶轮外周以 u_2 的速度旋转，只有在扩散管入口处才有一部分流体输出去，其余大部分流体仍在环形空间中旋转，而一般离心泵从叶轮流出的流体全部流到压水室的扩散管中输出，所以这种泵称为部分流泵(有部分流体流出)。

2.3.2 流量-扬程特性

因为高速泵叶片出口角 $\beta_2=90^\circ$，所以理论扬程-流量曲线为一直线，高速泵的扩散管喷嘴的截面积 A 对泵的特性有重要影响，当液体流过喷嘴的速度 q_v/A 等于液体的旋转速度 u 时，泵的流量保持不变，扬程急剧下降到零，这种特性称为流量切断特性，如图 2-12 所示。

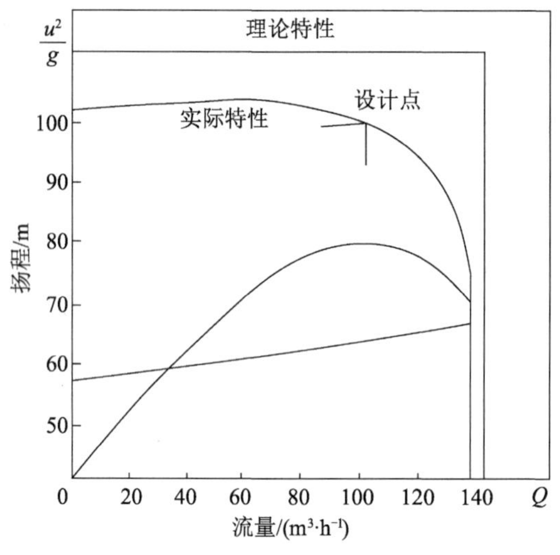

图 2-12　流量-扬程特性

假设不改变喷嘴面积 A，仅增加流量，则喷嘴内液体的速度大于液体的旋转速度，破坏了液流的连续性，这就不会产生扬程。

流量切断点主要是由喷嘴的截面积决定的，改变 A 可得到不同的流量切断点。

高速泵的最高效率点在切断流量附近，最好不要在超过最高效率点很多的流量下运转。在这个范围内运转，虽然对泵的性能没有多大的损害，但在靠近流量切断点处运转，扩散管喷嘴处会引起汽蚀，从而增加噪声，而且扬程会变得不稳定。如果高速泵要在比最高效率点大的流量下运转，就要改用大的喷嘴，这时最高效率点也会相应地向大流量侧移动。应当注意的是，流量增加之后，功率也要增加。两台以上的高速泵并联运转时，每台泵都要设流量调节阀。

高速泵和一般离心泵一样，有最小流量的要求，在很多情况下，高速泵的最小流量比相同性能的离心泵小，但不要长时间在小于设计流量下运转。

2.3.3　工作特点

高速泵的叶轮是开式的，运转中不会产生轴向力；叶轮不需密封环，无密封环泄漏问题。另外，这种泵没有间隙特性，因为普通离心泵采用开式叶轮，叶轮和壳体的间隙必须很小，而高速泵这种间隙大（2～3 mm），对泵的性能无大的影响，所以高速泵可以抽送含颗粒的液体或黏性液体。高速泵叶轮进口一般装不等螺距诱导轮，以适应高速对抗汽蚀性能的要求。

在相同的叶轮直径下，高速泵的扬程比一般离心泵高，即

$$\frac{u_2^2}{g} > \frac{u_2}{g}\left(u_2 - \frac{c_{m2}}{\tan\beta_2}\right)$$

在低比转速范围内，高速泵的效率比普通离心泵高，在高比转速范围内则相反。这是因为高速泵液体与叶片几乎没有相对速度，水力损失小，而且无圆盘摩擦损失。

2.3.4　结构简介

高速泵结构紧凑，由电机、增速器和泵三部分组成。泵的增速器均为封闭式结构，可在室外安装使用。电机超过 160 kW，采用卧式结构。使用最广泛的高速泵的功率为 7.5～132 kW，大都采用立式结构。

1. 泵的结构

① 泵轴与电机轴或增速器轴直联，泵叶轮是悬臂的；

② 泵室扩散器作为部件装在壳内，便于更换、维修和改变叶轮直径；

③ 泵的吸入口和排出口布置在同一直线上；

④ 泵内装旋风分离器，对泵抽送的液体进行净化，将净化的液体引向机械密封以延长密封寿命；

⑤ 泵的压水室为环形，压水室周围有 1～2 个扩散管，扩散管进口设有喷嘴，喷嘴的尺寸对泵的性能有很大影响；

⑥ 泵的叶轮前装诱导轮。

2. 增速器

高速是通过增速器实现的，所以增速器是高速泵的关键部件之一。增速器振动应很小，在任何情况下不得超过驱动电机的噪声；不加维护应能连续运转数年，而且几乎不必更换零件。

增速器分一级增速和二级增速两种类型。增速器使用模数较小的渐开线齿轮。这是因为斜齿会产生轴向力，而能承受这种推力的高速推力轴承难于制造。另外，尽管斜齿轮啮合效率高，但加工精度难以保证，由于齿形、节距精度不高，可能磨损而影响啮合效率。

直齿轮加工精度容易保证，而且不产生轴向力。齿轮节距加工精度要求小于 2～3 μm，齿轮材料为特殊钢，经过渗氮或渗碳处理 RC＝62～65。增速器壳体分为两半，合装时不用止口对心，而用定位销定位。壳体的材料为铝合金，增速器轴承为分块式滑动轴承与端面止推轴承组合。

增速器润滑是在增速器壳体周围及顶部装数个喷嘴，在电机输入轴端部装润滑油泵，油泵打出的油经过滤器进入喷嘴，将油喷成雾状润滑齿轮及轴承。

2.3.5　水力设计

1. 扬程的确定

扬程主要取决于叶轮外圆速度 u_2：

$$H=\psi \frac{u_2^2}{g}$$

由上式可确定叶轮直径：

$$D_2=\frac{59.8}{n}\sqrt{\frac{H}{\psi}}$$

式中，H 为扬程，m；n 为转速，r/min；ψ 为扬程系数，取 $\psi=0.6\sim0.7$。

叶片数一般为 6～8 片，减少叶片数时，ψ 值降低；泵壳的内径 D_3 与叶轮外径 D_2 之比不宜过大，取 $D_3/D_2=1.1\sim1.2$，间隙大时，ψ 值降低。

2. 流量的确定

流量取决于扩散管喉部面积 A_t（在转速 n 和叶轮外径 D_2 为常数的条件下）。图 2-13 所示为 $n=2960$ r/min 时，不同 D_2 以及最小 A_t 和最大 A_t 所组成的性能曲线图。相对某一 A_t，最佳工况点均在最大流量附近，亦即扬程突然下降时的流量。可用设置孔板的方法来调节到小流量。

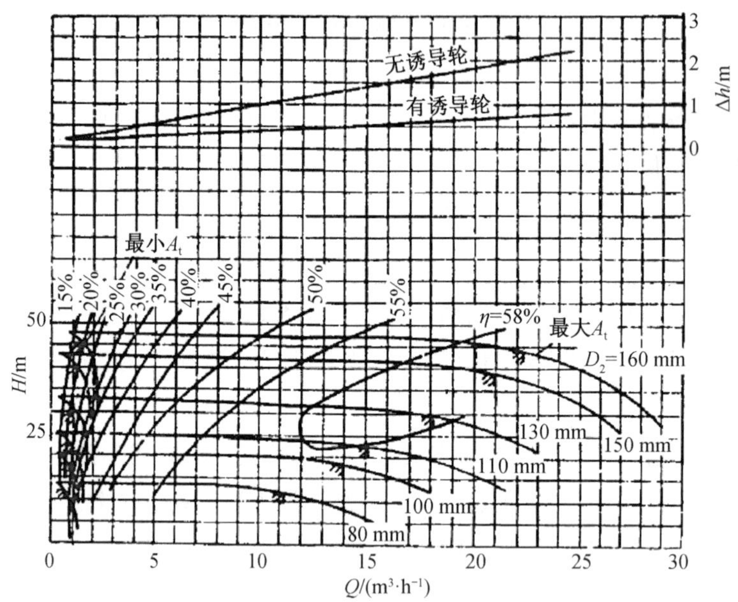

图 2-13 n、D_2 及 A_t 对泵特性的影响

扩散管喉部流速 c_t（m/s）为主要设计参数，取 $c_t=(0.7\sim0.75)u_2$。

扩散管扩散角取为 8°～10°。

3. 效率的确定

在确定效率 η 时可参考由 D_2 和各种扩散管直径所组合的效率曲线，如图 2-14 所示。

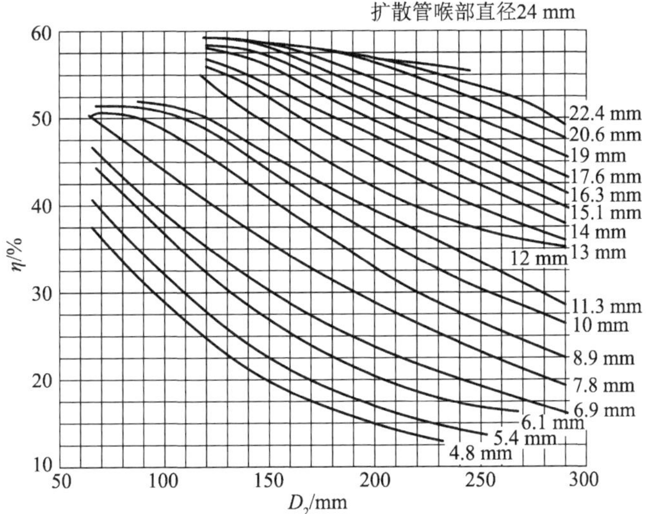

图 2-14　由 D_2 与 A_t 确定效率

4. 齿轮及转速的选择

① 齿轮采用模数较小的渐开线圆柱形直齿，齿轮的最大圆周速度不大于 80 m/s。

② 齿轮的最小齿数以轴的强度而定。

③ 齿轮模数 m 的选择：

功率不超过 7.5 kW 时，选 $m=0.8$ mm；

功率为 10～160 kW 时，选 $m=1.25$ mm；

功率为 160～440 kW 时，选 $m=2$ mm。

④ 齿面硬度 HRC=62～65。

⑤ 在同一台泵内可采用多等级的高转速，例如，功率为 10～160 kW 时，一级齿轮增速在 4800～12400 r/min 之间共分 8 个等级，二级齿轮增速在 7850～22700 r/min 之间共分 14 个等级，这大大扩大了泵的性能范围。

第3章

自吸泵

3.1 概述

自吸式水泵简称自吸泵，从 20 世纪 60 年代开始在我国出现，70 年代开始推广，到 80 年代有了较大的发展。国际上 20 世纪 30 年代初已开始设法使离心泵实现自吸，但直到 50 年代初才大量生产销售。

普通离心泵，若吸入液面在叶轮之下，启动时应预先灌水，很不方便。为在泵内存水，吸入管进口需装底阀，但泵工作时，底阀会造成很大的水力损失。

所谓自吸泵，就是在启动前无须灌水，经短时间运转，靠泵本身的作用即可把水吸上来，投入正常运转。

气液混合式自吸泵的工作过程(见图 3-1)：平时设法使泵内存一定量的水，泵启动后由于叶轮的旋转作用，吸入管路的空气和水充分地混合，并被排到气水分离室。气水分离室上部的气体逸出，下部的水返回叶轮，重新和吸入管路的剩余气体混合，直到把泵及进水管路内的气体全部排尽，完成自吸，并正常抽水。

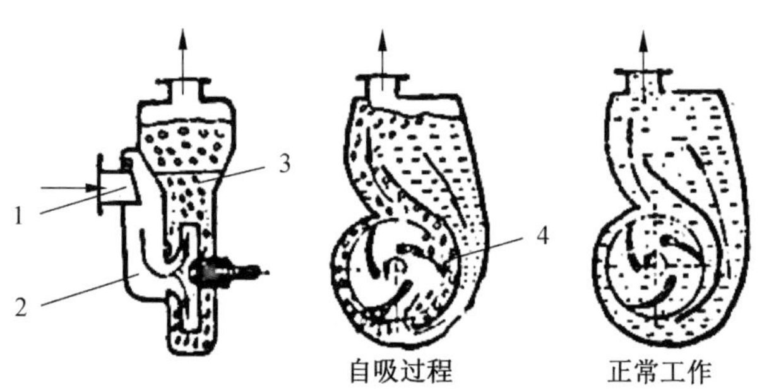

1—吸入阀；2—吸入室；3—气水分离室；4—外流道。

图 3-1 自吸泵的工作过程

由此可见，自吸泵的工作过程分为三个：气液混合过程、气液分离过程、回流过程。

根据水和空气混合的部位不同，气液混合式自吸泵分为内混式和外混式。其中，气液分离室中的液体回流到叶轮进口处，空气和水在叶轮进口处混合的称为内混式自吸泵；气液分离室中的液体回流到叶轮出口处，空气和水在叶轮外缘处混合的称为外混式自吸泵。

3.2　外混式自吸泵

3.2.1　结构和工作原理

1. 结构特点

外混式自吸泵具有一个两次转 90°弯的进水流道，称 S 形进水弯管，并具有一个双层的泵体，有如在普通离心泵壳外再包围一个泵体(见图 3-2 和图 3-3)。

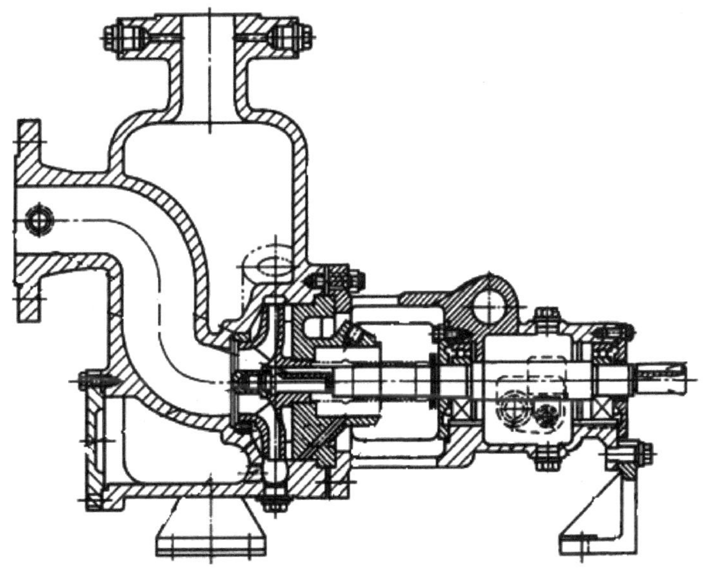

图 3-2　外混式自吸泵结构

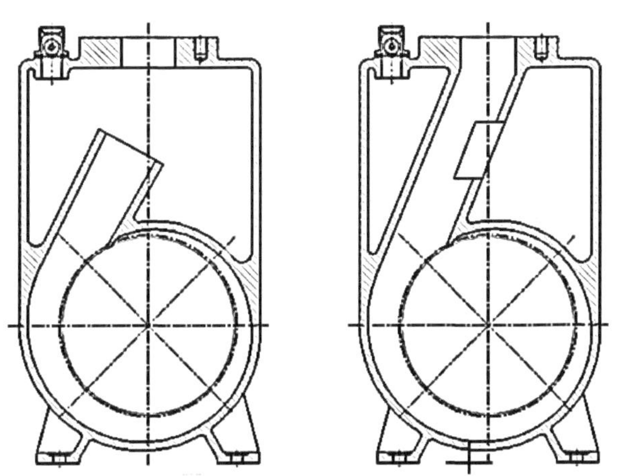

图 3-3　泵体剖视图

双层泵体中蜗壳与泵体间构成一个空腔，这个空腔有储存启动循环水和在自吸过程中进行气水分离的作用。常称空腔下部为储水(液)室，上部为气水(液)分离室。空腔下部有小孔与蜗壳的流道相通，称回流孔。与蜗壳相接的扩散管的出口只到气水分离室的上方，较普通离心泵要短。也有的泵设计成扩散管直达泵的出口处，但这种扩散管需在一定方位上开一个窗口，称上回水口。具有此种扩散管的泵还需在泵体顶部装设一个排气阀(见图 3-4)，以便在启动过程中排气。有的泵还在泵进口处设一个拍门，目的是防止停机时进水管中水倒流(回水)过急，使泵体中剩下的水过少而不够再次启动所需的量。

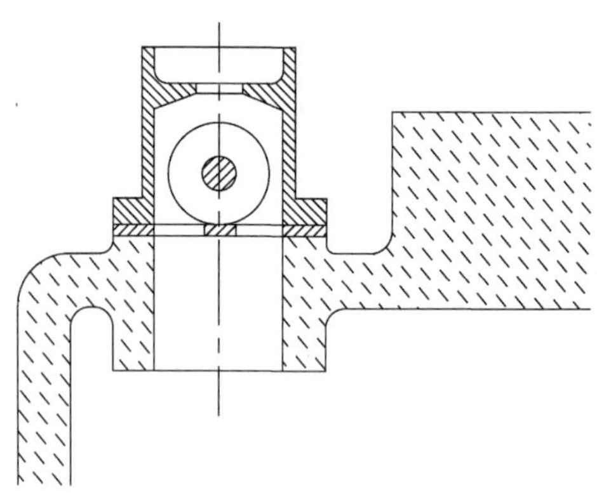

图 3-4　排气阀

2. 自吸机理

依靠气液混合排气的自吸泵在首次启动前均需向泵体内加入启动循环水(液)，泵进口的 S 形流道就是为使泵体内能积有一定量循环水而设的。首次启动前水可加到与泵进口平齐的高度。

自吸泵启动后，叶轮中的水在叶轮作用下经蜗壳扩散管进入气水分离室，同时在叶轮进口造成真空，而进水管下端的液体在自由表面大气压的作用下向上窜，使得进水管中叶轮进口与自由液面间的压力平衡。泵体中进入气水分离室内的液体在冲击和重力作用下下落，又在气水分离室内的压力作用下经蜗壳下部的回流孔再次进入蜗壳和叶轮。

在叶轮的扰动下，循环水与从进水管进入叶轮的气体混合成气液两相混合液再被抛入气水分离室，同时保持着叶轮进口的真空状态。在气水分离室中，气液混合液不再受强烈的扰动而处于自由抛射状况下。气液混合液中的气体微团与液体微团在相同体积情况下质量不同，因而质量力不同，但相同体积形状相近的微团所受的迎面阻力却基本相同。因此，以同一速度从扩散管抛出的气液混合液在质量力和阻力的作用下气体与液体被分离开。分离出的液体再次返回蜗壳进行再混合；分离出的气体从泵出口或者排气阀排出泵体。如此不停地进行循环，使叶轮进口侧气体不断被排出，真空度逐渐增高，进水管中液体逐渐上升最终达到泵进口，使水泵实现连续输水，完成自吸过程。

3. 正常运行过程

外混式自吸泵进入连续输水的正常运行后，回流孔两侧的压力随运行工况点的变化而变化。在流量从零开始向大流量变化的过程中,当流量为零时,叶轮中液体做旋流运动,蜗壳中液体在叶轮的带动下沿蜗壳向前运动的同时,还有部分液体与旋流液体进行交换,当蜗壳中液体运动到隔舌处被分离进入扩散管中,其中部分经扩散管进入气水分离室内,这部分液体速度降低、压力升高。由于气水分离室中压力高于蜗壳中压力,所以储水室中液体向蜗壳中流动,这样就构成了一个经回流孔、蜗壳、扩散管和气水分离室的循环流动,简称循环流。

这个循环流是外混式自吸泵比普通离心泵多消耗能量的原因之一。当流量从零开始增加时很快从泵出口流出的液体变得多于进行循环流动的液体。当流量增加到某一值时出现回流孔两侧压力相等的状况。此时在回流孔处不存在定向的流动,回流孔只对蜗壳中的液流产生局部阻力损失,是回流孔产生损失最小的状况。但这个工况并不一定是泵的最佳工况点。

如果流量继续增大,蜗壳侧压力将高于气水分离室中的压力。试验表明,蜗壳中压力在大流量时可高出气水分离室中压力1倍以上。泵中因回流孔产生的损失也随孔两侧压差的增大而增大。对某一具体泵有了压差和回流孔形式及尺寸是可以计算损失功率的,但对设计的用处不大。我们主要应知道能量损失到哪里去了并避免在设计中出现此类问题。

从压力变化情况可知,除回流孔两侧压力相同的某一点外,其他工况回流孔中均存在着定向流动。由于回流孔的开向与蜗壳中的高速液流垂直,这从水力学上看是很不好的一种回流或分流的情况。这些都是外混式自吸泵效率低的主要原因。为此,有的产品设计成具有关闭机构的回流孔,可明显减少上述损失,在规定点泵效率可提高4%~5%。

3.2.2 主要结构参数设计

为实现自吸性能,需要在普通离心泵的结构设计基础上增加一些新的结构,并对普通离心泵的水力设计做一些有利于自吸性能及改变水力特性的修改。因此,这里将侧重于对与自吸性能关系密切的新结构设计和修正设计方法进行介绍。

1. 叶轮设计

在前面叙述了外混式自吸泵较普通离心泵增加了一些水力损失,所以设计自吸泵叶轮时必须给予考虑。具体设计时,可采用选取系数适当加大或者对按离心泵常规设计计算的结果加以修正等方法。由于影响设计的因素较复杂,无法用精确计算获得修正系数,所以如同其他水泵设计方法一样采用经验系数。

叶轮外径 D_2 可按下式确定:

$$D_2 = KD_2'$$

式中,D_2' 为按普通离心泵计算的叶轮外径;K 为系数,取1.03~1.08。

2. 蜗壳设计

外混式自吸泵的泵体是设计中的一个关键部件。在叶轮设计确定后,自吸泵能否实现自吸、自吸时间长短及泵效率高低主要取决于泵体设计。

(1) 基圆确定

自吸泵蜗壳的基圆直径可按离心泵方法确定，即

$$D_3=(1.03\sim1.05)D_2$$

(2) 蜗壳最大截面面积 F_S

自吸泵叶轮较离心泵叶轮加大相当于将计算参数 q_v 和 H 都加大了。因此，计算蜗壳也应相应加大。对于自吸泵应按下式计算：

$$q_c=K_q q_v$$

式中，q_v 为按离心泵设计公式计算时的设计流量；q_c 为设计外混式自吸泵时所用的修正后的设计流量；K_q 为考虑加大叶轮引起的流量加大修正系数。

由于影响系数的因素复杂难以计算确定，因而在实际设计中常用设计参数直接按离心泵计算蜗壳最大截面面积 F_S，再考虑 D_2、b_2、β_2 加大因素的影响，选一个修正系数。

$$F_S=K_{FS}F'_S$$

式中，F_S 为自吸泵蜗壳最大截面面积；F'_S 为离心泵蜗壳最大截面面积；K_{FS} 为考虑自吸性能和提高泵效率而加大截面的修正系数，可在 1.1～1.3 之间选定。

(3) 隔舌位置

在水泵正常工作时，隔舌的作用是把从叶轮进入蜗壳中的水与叶轮分开；在自吸过程中，隔舌的作用是把由叶轮搅拌的气液两相混合液与叶轮分开使之进入气水分离室。隔舌的位置角 θ_g(见图 3-5)可参考离心泵设计和结合泵体结构布置来确定。

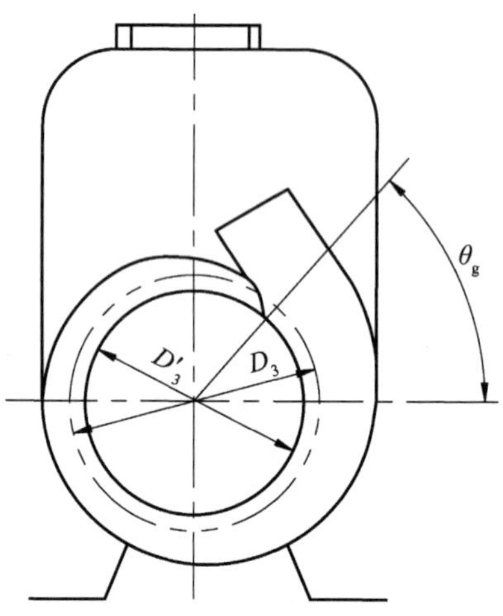

图 3-5　隔舌形状及位置

隔舌的型式与离心泵的不同。隔舌不再是螺旋线与基圆的交点，而是一端切于螺旋线而另一端与修正基圆相交的一段短圆弧，如图 3-5 所示。

$$D'_3=D_2+(1.0\sim2.0)\ \text{mm}$$

式中，D'_3 为修正基圆直径。

在自吸泵中，由于自吸性能要求，隔舌与叶轮外径的间隙取 0.5～2 mm。若该值过小，则噪声过大；若该值过大，则自吸性能下降。

3. 扩散管

自吸泵的扩散管均不如离心泵扩散管水力效率高，常用半截管或整管，开有回水口。

① 半截扩散管的扩散角可取 12°左右或再大些。扩散管出口与泵出口之间的距离相当于扩散管出口直径的 2～3 倍。对于叶轮圆周速度大的泵，应取大一些。扩散管出口过水断面中心处的法线可对向泵出口边缘(见图 3-6)，即扩散管出口方向不可正对泵出口，

前以防启动过程失去循环水过多；又不可完全不对向泵出口，后以防泵效率降得过低。

此外，也有些资料提出用扩散管出口平面与水平面间的夹角 α 来确定扩散管的方向，如图 3-6 所示。对不同泵体设计，α 从 12°到 45°都有采用，而 $\alpha=15°\sim25°$ 较能兼顾泵效率和自吸性能。

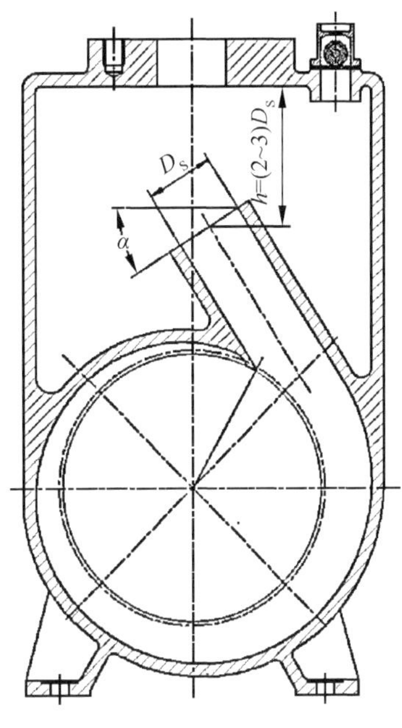

图 3-6　扩散管位置

② 开有上回水口的扩散管。由于扩散管可设计得足够长，也可按离心泵扩散管的扩散角大值选取扩散角，所以扩散管与泵出口间可以有一段与泵出口直径相同的等直径段。如扩散管设计成弯形，应取 4 个以上断面进行过水断面变化规律校核，其变化应平缓。

③ 上回水口过水断面面积不小于泵出口面积。回水口形状可按一个矩形与扩散管相连围成的窗口选取。上回水门的下缘应高于蜗壳最高点，在泵进口下缘上下。开口方向为泵的旋转方向并偏向叶轮进口方向。

4. 回流孔

(1) 回流孔面积及形状

实践证明，在确定的叶轮与蜗壳设计情况下，回流孔的面积越大，回流的液体越多，自吸时间越短，但最大自吸高度、泵效率和扬程均越低；反之自吸时间越长，最大自吸高度越高。

为什么回流孔大会降低最大自吸高度呢？这是因为在自吸过程中，随着叶轮进口真空度的提高，经回流孔的回流速度增加，储液室中水位下降较多，回流液体夹带气体增多，即和吸入管路中气体混合的回流液体已经不足，无法进一步增大进口真空度。

对自吸泵来讲，只有在泵正常运行时不产生汽蚀的最大自吸高度才有使用意义。这就是标准中规定的自吸高度都要小于最大自吸高度的原因。

回流孔的形状一般为随蜗壳走向的长方形孔，其面积用当量圆孔面积代替。当量圆孔直径 d 按下式计算：

$$d=(1\sim1.5)\sqrt[3]{\frac{q_v}{n}}$$

式中，d 为截流断面的直径，mm；q_v 为泵的设计流量，m^3/s；n 为泵的转速，r/min。

(2) 回流孔位置

回流孔一般布置在从隔舌起沿叶轮旋转方向的115°～160°之间，如图 3-7 所示。一般回流孔会偏离最低位置，这样自吸时间短，自吸高度稍有增加。

(3) 堵回流孔

外混式自吸泵的回流孔在泵正常运行时一般不堵。为了提高泵的效率，也可在自吸过程完成后采用自动或人工堵回流孔的结构。

图 3-8 所示是装弹性阀(用橡胶制作)的结构。在泵自吸过程中，弹性阀在弹性力作用下处于开启状态，泵自吸过程完毕，开始正常运转时，储液室的压力高于蜗室内的压力，弹性阀被压下，使储液室与蜗室隔断，这样就消除了回流水力损失。

设计回流阀上盘与上阀座间的喉部尺寸时应使过流面积大于回流孔面积。

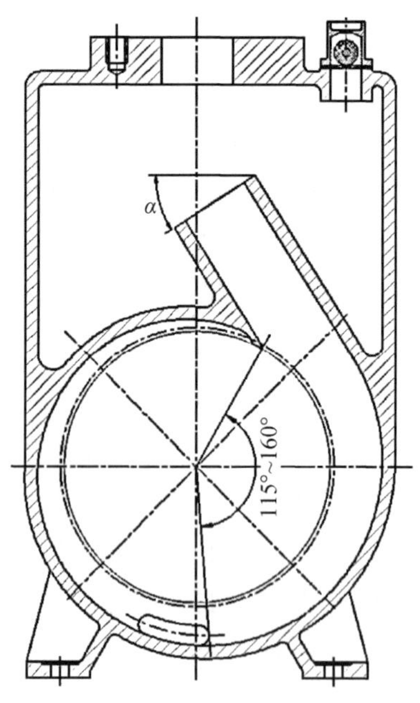

图 3-7 回流孔位置

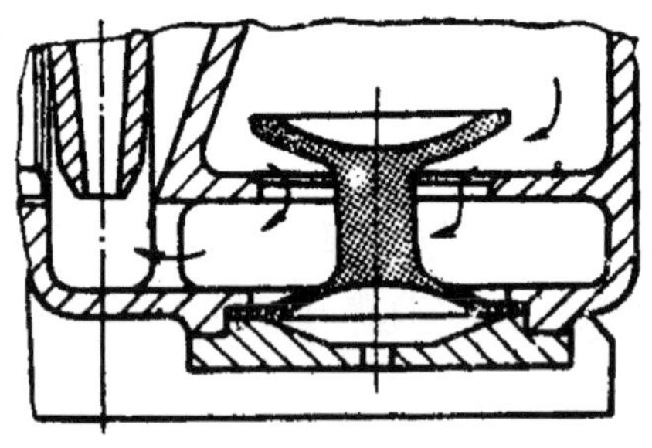
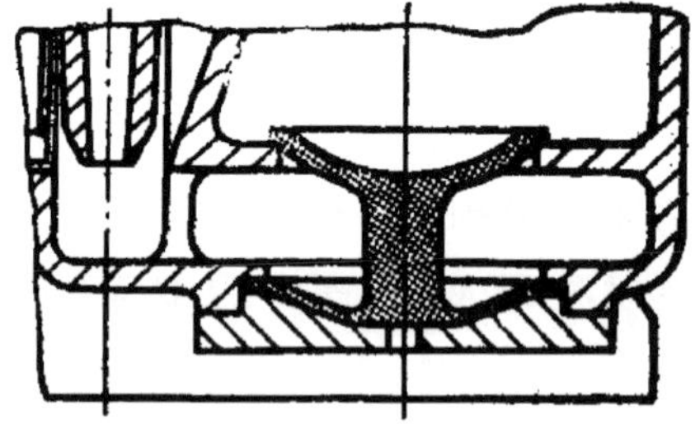

图 3-8 堵回流孔结构

5. 储水室和气水分离室

泵外壳与内壳之间的空腔，下部用于储存启动循环水，称储水(液)室；上部供启动过程中气水混合液进行气水分离之用，称气水分离室。从自吸性能上讲，这个空腔大一些好；从合理上讲，在达到性能要求的情况下，这个空腔越小越好。设计时要使储液室内的循环水有一定高度，即保证回流孔有一定淹没深度。储液面要高于蜗壳，并且要能保障停机后剩余的水量足够再次启动所必需的水量。目前外混式自吸泵设计中可取循环水的储水量大于秒流量的一半，即 $V_c \geqslant q_v/2$；气水分离室的容积 $V_q \leqslant V_c$。通常泵进口下缘都要高于蜗壳的最高点，以保证回水孔的淹没深度。

3.3　内混式自吸泵

3.3.1　结构和工作原理

1. 结构特点

内混式自吸泵由双层(带气水分离室)泵体、S 形进水弯管、回流喷嘴、回流阀、进口逆止阀等组成,如图 3-9 所示。泵启动后,泵体内的水通过回水流道射向叶轮进口,在叶轮内进行充分的气水混合,而后经压水室扩散管出口排到气水分离室进行气水分离。这样往复循环,直到把泵体及吸入管路内的气体排尽,泵正常工作。这时,排气阀在水压作用下关闭,回流阀也在泵进口低压和气水分离室高压的压差作用下自动关闭(或人工关闭)。

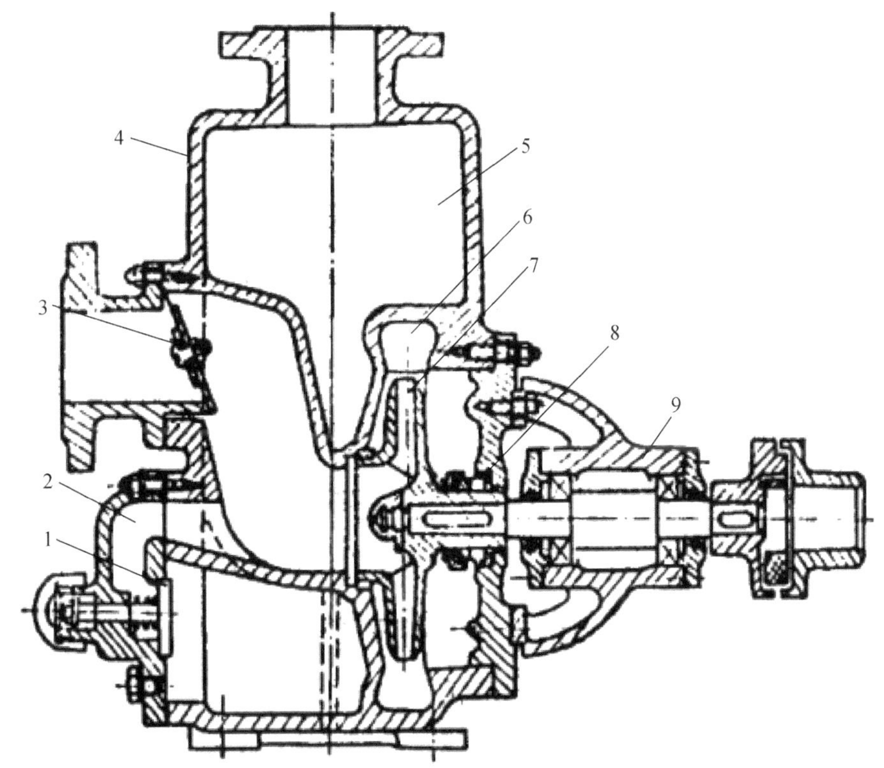

1—回流阀;2—回流孔;3—吸入阀;4—泵体;5—气水分离室;6—蜗室;7—叶轮;8—机械密封件;9—轴承体部件。

图 3-9　内混式自吸泵结构

2. 自吸机理

内混式自吸泵首次启动前也须向泵内加一定的循环水。泵启动后,泵体中的水通过回水流道射向叶轮进口,在叶轮中进行气水混合。混合液再经蜗壳、扩散管上的上回水口进入气水分离室进行气水分离。气体从排气阀排出,水落下再次通过回水通道被压向叶轮进口。

自吸过程中，叶轮进口压力最低，回水流道两端的压差约等于叶轮进口处真空度的绝对值。随着启动过程的进行，进水管中的真空度逐渐增大，但增大的速度逐渐变慢，最终进水管中液面升至泵的进口，液体连续进入叶轮，气体排光，泵出口连续出水，此时泵体充满水，水压相当于泵出口静压。排气阀在水压作用下自行关闭，全自动式泵回水通道同时自动关闭。人工控制式泵需进行人工操作关闭回水通道。

泵的最大自吸高度与自吸时间取决于泵的性能参数和自吸机构的设计。内混式自吸泵的自吸时间比同样条件下同样参数的外混式自吸泵要短一些。

3. 运行情况

内混式自吸泵进入正常工作状态后回水流道不应有水回流，即回流阀必须是关闭状态。在这种情况下，自吸泵只是在S形弯管和上回水口处产生普通离心泵不存在的水力损失，但比不堵回水孔的外混式自吸泵的损失小得多。

3.3.2 主要结构参数设计

1. 叶轮设计

由前面所述可知，进水S形弯管、上回水口等使得内混式自吸泵较离心泵增加了水力损失，在用同一种计算方法计算叶轮外径，要求达到同样的设计流量和扬程参数时，自吸泵叶轮的计算扬程或理论扬程应比离心泵大，而计算结果主要是加大叶轮外径。

$$D_2=KD_2'$$

式中，D_2' 为按普通离心泵计算的叶轮外径；K 为系数，取1.03～1.08。

2. 蜗壳设计

(1) 基圆确定

自吸泵蜗壳的基圆直径可按离心泵方法确定，即

$$D_3=(1.03\sim1.05)D_2$$

(2) 蜗壳最大截面面积 F_S

蜗壳最大截面面积 F_S 按离心泵计算的结果加大20%～30%的方法确定，这样对减少自吸时间有利。其他截面面积用下式确定：

$$F_i=\frac{F_S}{8}i$$

式中，i 为第 i 个截面的序号，$i=1,2,\cdots,8$。

截面形状可参考离心泵蜗壳截面确定。对于流量较小的可采用矩形截面，工艺性好且对性能没有明显影响。

(3) 隔舌位置 θ_g

隔舌与 F_S 截面的位置可根据扩散管布置的具体情况，取隔舌与 F_S 截面间所夹的周心角度 $\theta_g=10^\circ\sim30^\circ$，如图3-10所示。

隔舌与叶轮外缘的单边间隙为0.5～1 mm。因此，隔舌一般是一端切于蜗壳螺旋线

而另一端交于直径为 $D_2+(1\sim2)$ mm 的圆上的一段短圆弧。应注意不使这一段圆弧过长，以免产生大的噪声。

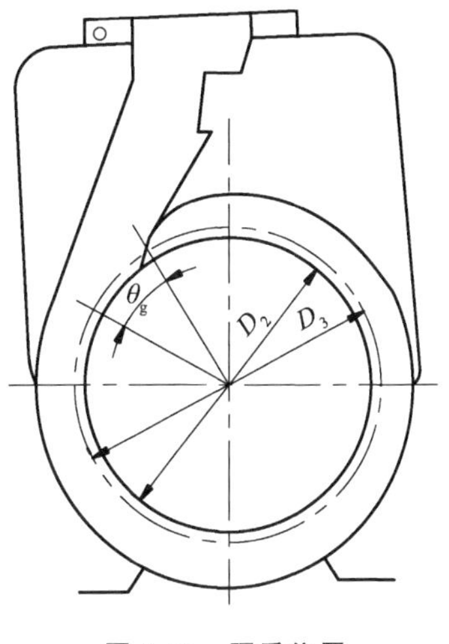

图 3-10 隔舌位置

(4) 扩散管及上回水口

扩散管根据水泵出口位置而定。可将泵出口置于泵轴线正上方，也可在侧方。扩散管的扩散角可大于一般离心泵，通常为 8°～12°。扩散管的长度要使泵体满足对气水分离室容积的要求。

在扩散管上开有一个回水口。回水口面积一般不小于泵出口面积，上回水口可为四边形窗口，开在叶轮旋转方向的一侧或向泵进口方向扩展。上回水口下缘一般不低于泵进口下缘。上回水口设计合理与否直接影响自吸性能与泵效率。

(5) 储水室和气水分离室

内混式自吸泵泵体为双层泵体。两层泵壳间的空间容积基本就是储水室和气水分离室的容积。外层泵体一般从制造工艺角度考虑，多制成经过美观化的长方体。储水室的储水体积可取泵秒流量的 1/2～2/3，流量小取大值。

储液面一般在泵进口下缘，实际液面距下回水阀入口的距离一般应在 160～230 mm 范围内，流量大的泵距离取大值。此距离过小不利于自吸，这主要是因为当吸程高时气水分离不好或产生气体回流，不能进行排气实现自吸。

储液面上部的空腔作为气水分离室。一般气水分离室容积与储液室容积相近。在气水分离室上方设有一个排气阀孔与排气阀相接。

3.3.3 回流阀

内混式自吸泵在完成自吸后，回水流道必须关闭，因此设有回流阀。如果不关闭回水流道，有部分水在泵内经回水流道进行泵内循环，就会增加叶轮流量，并在循环中损失能量，造成泵效率和扬程严重下降。试验结果表明，同一流量，功率增加 1/3，扬程下降 1/4～1/2。这是不允许的工作状态。

泵在启动过程中循环水经回水流道回到叶轮进口处。经实践得出，在循环水流射向叶轮进口的情况下气水混合得最好，自吸时间短，最大吸程大。

目前回流阀可采用橡胶钢球阀、平板阀等。球阀为自动关闭，平板阀等为人工控制。球阀在自吸过程中，由于回水流道两侧的压差小于球阀的自重而落下；泵正常工作时，回水流道两侧压差增大，将球阀推向阀座而使其关闭。球阀的大小和重量要与回流量和球阀到阀座的距离相匹配，否则球阀不会正常动作。

对于内混式自吸泵的回流阀，不论采用球阀还是平板阀或其他型式的阀都应确保关闭后的密封性，否则会对泵的性能产生不同程度的影响，这是因为阀进出口的压差接近于泵的扬程。

回水流道喷嘴的最小截面积应适当，直径可由下式估算：

$$d=(1\sim1.5)\sqrt[3]{\frac{q_v}{n}}$$

式中，d 为截流断面的直径，mm；q_v 为泵的流量，m^3/s；n 为泵的转速，r/min；

3.3.4 排气阀

目前应用的排气阀基本都是橡胶钢球自动关闭式阀，内混式、外混式自吸泵可通用，个别泵也有采用人工控制旋塞式阀、自动橡胶阀等。

排气阀外径为 30 mm，内部钢球直径为 20 mm，也可用其他硬质材料代替钢球。对于低扬程泵，球的重量最好轻一些。阀体内径为球径的 1.2～1.4 倍，泵流量大的应取大值。阀体内腔高可取球径的 1.5 倍。阀体上方出气口为球径的 70%左右。在关闭出气口时，阀体上与球的接触面应能很好地贴合并不伤球的表面。

3.4 立式自吸泵

一般离心泵在输送液体时，如液位低于泵体，便需要灌泵才能出水，为此需在泵进口处安装底阀。时间一长，底阀被腐蚀或被卡位，就需要进行调换或修理，因此使用很不方便。另外，潜水泵一般用于输送清水、河水，若用于输送酸碱等腐蚀液体，则易发生马达腐蚀、漏电现象，很不安全。

相比之下，立式自吸泵在腐蚀性液体低位输送中具有优势：

① 泵整体为立式结构，重量大大减轻，同时占地亦少。由于轴沿垂直方向安装，轴封处不易泄漏。

② 若出现损坏，其需要维修的部分均在地面上，给维修带来了很大的便利。泵的进口仅是一根空心管，不需要底阀。如进口处被垃圾堵塞，把空心管拉出即可清理，而液下泵则需要把整台泵吊出才能清理。

③ 空泵运转仍可维持一段较长时间，以利于发觉并采取措施防止电机损坏，减少误操作造成的损失，安全性好。

④ 自吸泵既可安装在上方，也可安装在旁边，甚至可用耐真空软管抽吸直管无法达到的液体，机动性十分强。

⑤ 大多数液下泵维修频繁，一般一池(槽)需设两台泵，一台泵作维修备用，这样的安装方式不仅投资巨大，而且维修量大。而自吸泵可实现多池(槽)串、并联共用一台泵，大大节省了投资。自吸泵可用于气、液间歇操作，不怕抽空，可省去工艺流程中的某些中间设备，如高位槽或低位槽，大大简化了工艺流程，节省了成本。

自吸泵采用独特的专利叶轮及分离盘强制气液分离而完成吸气过程。其外形、体积、质量、效率与管道泵相似。立式自吸泵不需要底阀、真空阀、气体分离器等辅助设备。立式自吸泵正常启动时无须灌液，具有很强的自吸能力，可替代目前广泛使用的液下泵(低位液体输送泵)，可用作循环泵、槽车输送泵、自吸管道泵、机动用泵等。

3.4.1　蜗壳式立式自吸泵

1. 结构和工作原理

(1) 结构特点

蜗壳式立式自吸泵具有一个三次转 90°弯的进水流道，并具有一个双层的泵体，有如在普通离心泵壳外再包围一个泵体(见图 3-11)。

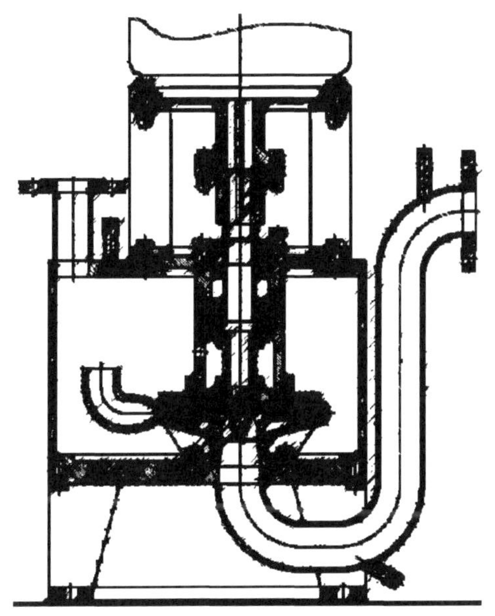

图 3-11　蜗壳式立式自吸泵结构

双层泵体中蜗壳与泵体间构成一个较大的空腔，这个空腔有储存启动循环水和在自吸过程中进行气水分离的作用。常称空腔下部为储水(液)室，上部为气水(液)分离室。空腔下部有小孔与蜗壳的流道相通，称回流孔。与蜗壳相接的扩散管的出口只到气水分离室，较普通离心泵要短，且有一个 90°弯。泵体顶部装有一个排气阀，便于在启动过程中排气。有的泵还在泵进口处设一个真空破坏阀，目的是防止停机时进水管中水倒流(回水)过急，使泵体中剩下的水过少而不够再次启动所需的量。

(2) 自吸机理及过程

依靠气液混合排气的自吸泵在首次启动前均需向泵体内加入启动循环水(液)，泵进口的流道就是为使泵体内能积有一定量循环水而设的。首次启动前水可加到与泵进口平齐的高度。

自吸泵启动后，叶轮中的水在叶轮作用下经蜗壳扩散管进入气水分离室，同时在叶轮进口处形成真空，而进水管下端的液体在自由表面大气压的作用下向上窜，使得进水管中叶轮进口与自由液面间的压力平衡。泵体中进入气水分离室内的液体在冲击和重力作用下下落，又在气水分离室内的压力作用下经蜗壳下部的回流孔再次进入蜗壳和叶轮。

在叶轮的扰动下，循环水与从进水管进入叶轮的气体混合成气液两相混合液再被抛入气水分离室，同时保持着叶轮进口的真空状态。在气水分离室中，气液混合液不再受强烈的扰动而处于自由抛射状况下。气液混合液中的气体微团与液体微团在相同体积情况下质量不同，但相同体积形状相近的微团所受的迎面阻力却基本相同。因此，以同一速度从扩散管抛出的气液混合液在质量力和阻力的作用下气体与液体被分离开。分离出的液体再次返回蜗壳进行再混合；分离出的气体从泵出口或者排气阀排出泵体。如此不停地进行循环，使叶轮进口侧气体不断被排出，真空度逐渐增高，进水管中液体逐渐上升最终达到泵进口，使水泵实现连续输水，完成了自吸过程。

(3) 正常运行过程

蜗壳式立式自吸泵进入连续输水的正常运行后，回流孔两侧的压力随运行工况点的变化而变化。在流量从零开始向大流量变化的过程中，当流量为零时，叶轮中液体做旋流运动，蜗壳中液体在叶轮的带动下沿蜗壳向前运动的同时，还有部分液体与旋流液体进行交换，当蜗壳中液体运动到隔舌处被分离进入扩散管中，其中部分经扩散管进入气水分离室内，这部分液体速度降低、压力升高。由于气水分离室中压力高于蜗壳中压力，所以储水室中液体向蜗壳中流动，这样就构成了一个经回流孔、蜗壳、扩散管和气水分离室的循环流动，简称循环流。

这个循环流是蜗壳式立式自吸泵比普通离心泵多消耗能量的原因之一。当流量从零开始增加时很快从泵出口流出的液体变得多于进行循环流动的液体。当流量增加到某一值时出现回流孔两侧压力相等的状况。此时在回流孔处不存在定向的流动，回流孔只对蜗壳中的液流产生局部阻力损失，是回流孔产生损失最小的状况。但这个工况并不一定是泵的最佳工况点。

如果流量继续增大，蜗壳侧压力将高于气水分离室中的压力。试验表明，蜗壳中压力在大流量时可高出气水分离室中压力 1 倍以上。泵中因回流孔产生的损失也随孔两侧压差的增大而增大。对某一具体泵有了压差和回流孔形式及尺寸是可以计算损失功率的，但对设计的用处不大。我们主要应知道能量损失到哪里去了并避免在设计中出现此类问题。

从压力变化情况可知，除回流孔两侧压力相同的某一点外，其他工况回流孔中均存在着定向流动。由于回流孔的开向与蜗壳中的高速液流垂直，这从水力学上看是很不好的一种回流或分流的情况。这些都是蜗壳式立式自吸泵效率低的主要原因。为此，有的产品设计成具有关闭机构的回流孔，可明显减少上述损失，在规定点泵的效率可提高 4%～5%。

2. 主要结构参数设计

为实现自吸性能，需要在普通离心泵的结构设计基础上增加一些新的结构，并对普通离心泵的水力设计做一些有利于自吸性能及改变水力特性的修改。因此，这里将侧重于对与自吸性能关系密切的新结构设计和修正设计方法进行介绍。

(1) 叶轮设计

由前面的叙述可知，蜗壳式立式自吸泵较普通离心泵增加了一些水力损失，所以设计自吸泵叶轮时必须对此给予考虑。具体设计时，可采用选取系数适当加大或者对按离心泵常规设计计算的结果加以修正等方法。由于影响设计的因素较复杂，无法用精确计算获得修正系数，所以如同其他水泵设计方法一样采用经验系数。

叶轮外径 D_2 可按下式确定：

$$D_2 = KD_2'$$

式中，D_2' 为按普通离心泵计算的叶轮外径；K 为系数，取 1.06～1.12。

(2) 泵体设计

蜗壳式立式自吸泵的泵体是设计中的一个关键部件。在叶轮设计确定后，自吸泵能否实现自吸、自吸时间长短及泵效率高低主要取决于泵体设计，如图 3-12 所示。

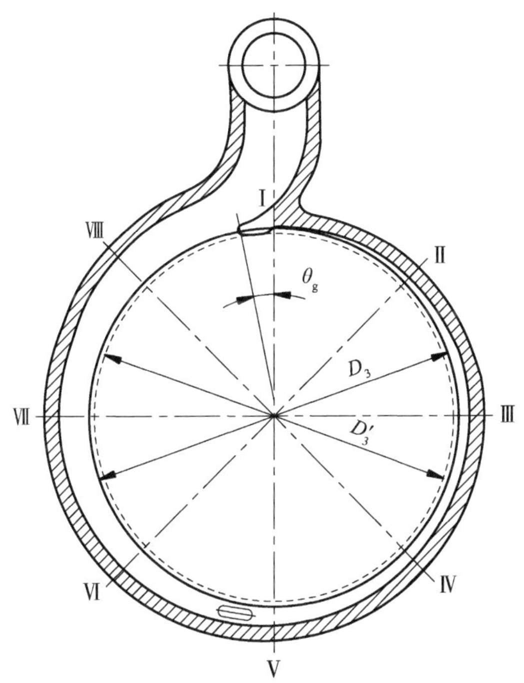

图 3-12　蜗壳式立式自吸泵泵体设计

① 基圆确定。

自吸泵蜗壳的基圆直径可按离心泵方法确定，即

$$D_3 = (1.03 \sim 1.05)D_2$$

② 蜗壳最大截面面积 F_S。

自吸泵叶轮较离心泵叶轮加大相当于将计算参数 q_v 和 H 都加大了。因此，计算蜗壳也应相应加大。对于自吸泵应按下式计算：

$$q_c = K_q q_v$$

式中，q_v 为按离心泵设计公式计算时的设计流量；q_c 为设计蜗壳式立式自吸泵时所用的修正后的设计流量；K_q 为考虑加大叶轮引起的流量加大修正系数。

由于影响系数的因素复杂难以计算确定，因而在实际设计中常用设计参数直接按离心泵计算蜗壳最大截面面积 F_S，再考虑 D_2、b_2、β_2 加大因素的影响，选一个修正系数。

$$F_S = K_{FS} F'_S$$

式中，F_S 为自吸泵蜗壳最大截面面积；F'_S 为离心泵蜗壳最大截面面积；K_{FS} 为考虑自吸性能和提高泵效率而加大截面的修正系数，可在 1.1～1.3 之间选定。

③ 隔舌位置。

在水泵正常工作时，隔舌的作用是把从叶轮进入蜗壳中的水与叶轮分开；在自吸过程中，隔舌的作用是把由叶轮搅拌的气液两相混合液与叶轮分开使之进入气水分离室。隔舌的位置角 $\theta_g = 12° \sim 25°$。

隔舌的型式与离心泵的不同。隔舌不再是螺旋线与基圆的交点，而是一端切于螺旋线而另一端与修正基圆相交的一段短圆弧，如图 3-13 所示。

$$D'_3 = D_2 + (1.0 \sim 2.0)\ \text{mm}$$

式中，D'_3 为修正基圆直径。

在自吸泵中，由于自吸性能要求，隔舌与叶轮外径的间隙取 0.5～2 mm。若该值过小，则噪声过大；若该值过大，则自吸性能下降。

(3) 扩散管

自吸泵的扩散管均不如离心泵扩散管水力效率高，常用半截管。半截扩散管的扩散角可取 12°左右或再大些。扩散管出口与泵出口之间的距离 h 相当于扩散管出口直径的 2～3 倍。对于叶轮圆周速度大的泵，应取大一些。扩散管出口过水断面中心处的法线可对向泵出口边缘(见图 3-13)，即扩散管出口方向不可正对泵出口，以防启动过程失去循环水过多；又不可完全不对向泵出口，以防泵效率降得过低。

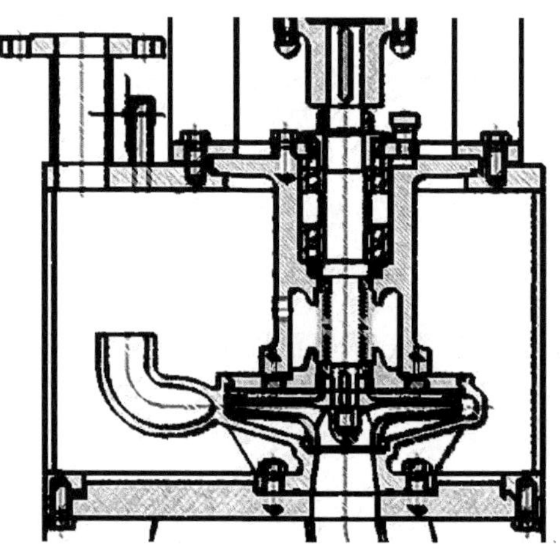

图 3-13　蜗壳式立式自吸泵扩散管

(4) 回流孔

① 回流孔面积及形状。

实践证明，在确定的叶轮与蜗壳设计情况下，回流孔的面积越大，回流的液体越多，自吸时间越短，但最大自吸高度、泵效率和扬程均越低；反之自吸时间越长，最大自吸高度越高。

为什么回流孔大会降低最大自吸高度呢？这是因为在自吸过程中，随着叶轮进口真空度的提高，经回流孔的回流速度增加，储液室中水位下降较多，回流液体夹带气体增多，即和吸入管路中气体混合的回流液体已经不足，无法进一步增大进口真空度。

对自吸泵来讲，只有在泵正常运行时不产生汽蚀的最大自吸高度才有使用意义。这就是标准中规定的自吸高度都要小于最大自吸高度的原因。

回流孔的形状一般为随蜗壳走向的长方形孔，其面积用当量圆孔面积代替。当量圆孔直径 d 按下式计算：

$$d=(1\sim1.5)\sqrt[3]{\frac{q_v}{n}}$$

式中，d 为截流断面的直径，mm；q_v 为泵的设计流量，m^3/s；n 为泵的转速，r/min。

② 回流孔位置。

回流孔一般布置在从隔舌起沿叶轮旋转方向的 180°～200°之间，如图 3-14 所示。一般回流孔会偏离最低位置，这样自吸时间短，自吸高度稍有增加。

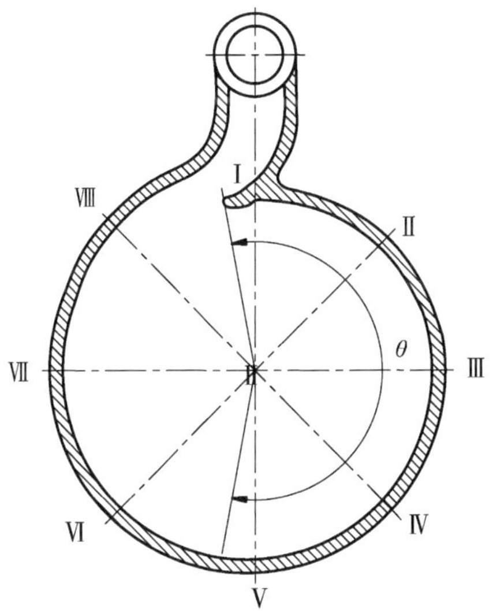

图 3-14　蜗壳式立式自吸泵回流孔位置

3.4.2　下进口导叶式立式自吸泵

1. 结构和工作原理

(1) 结构特点

下进口导叶式立式自吸泵由叶轮、导叶、外层箱体、机械密封、轴承和进口弯管等组成。下进口导叶式立式自吸泵进口具有一个三次转90°弯的进水流道，并具有一个双层的泵体，有如在普通离心泵壳外再包围一个泵体(见图3-15)。

双层泵体中蜗壳与泵体间构成一个较大的空腔，这个空腔有储存启动循环水和在自吸过程中进行气水分离的作用。常称空腔下部为储水(液)室，上部为气水(液)分离室。有的泵还在泵进口处设一个真空破坏阀，目的是防止停机时进水管中水倒流(回水)过急，使泵体中剩下的水过少而不够再次启动所需的量。

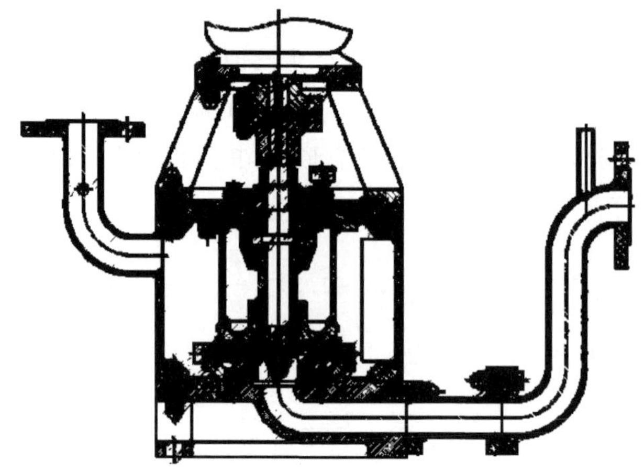

图3-15 下进口导叶式立式自吸泵结构

(2) 自吸机理及过程

其自吸机理及过程同蜗壳式立式自吸泵。

2. 主要结构参数设计

为实现自吸性能，需要在普通离心泵的结构设计基础上增加一些新的结构，并对普通离心泵的水力设计做一些有利于自吸性能及改变水力特性的修改。因此，这里将侧重于对与自吸性能关系密切的新结构设计和修正设计方法进行介绍。

(1) 叶轮设计

如同其他水泵设计方法一样采用经验系数。

叶轮外径 D_2 按下式确定：

$$D_2 = KD_2'$$

式中，D_2' 为按普通离心泵计算的叶轮外径；K 为系数，取1.08～1.16。

(2) 导叶设计

导叶体是该类自吸泵设计中的一个关键部件。在叶轮设计确定后，自吸泵能否实现自吸、自吸时间长短及泵效率高低主要取决于导叶的水力设计。

① 结构(见图3-16)。

为了减小径向尺寸，在正导叶的尾部开有三角形窗口 GHI。液体经此窗口方向转为轴向，到反导叶上部的环形空间相混合，然后进入反导叶。

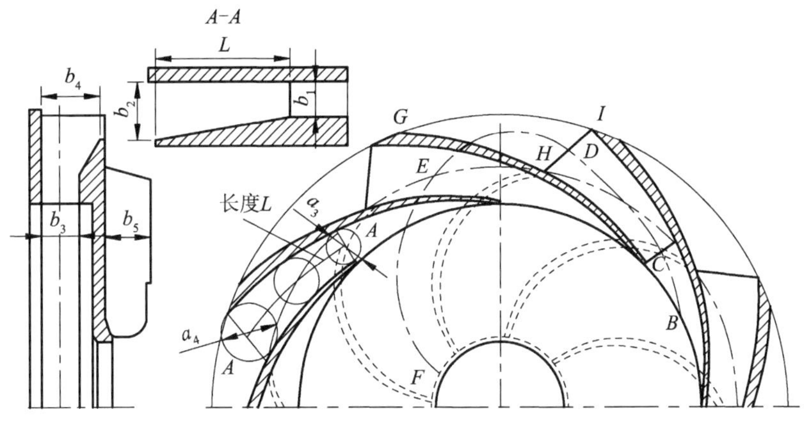

图 3-16　径向导叶

径向导叶流道的组成：

螺旋线部分（BC）——用于收集液体；

扩散段（CD）——使动能转换为压能；

过渡段（DE）——使液体转变方向；

反导叶（EF）——使液体以要求的速度和环量进入下一级叶轮。

② 设计参考图（见图 3-17）。

液体从叶轮出口进入螺旋线部分，在此处液体和在蜗室里一样按 $v_u R = K_2$（常数）的规律流动。

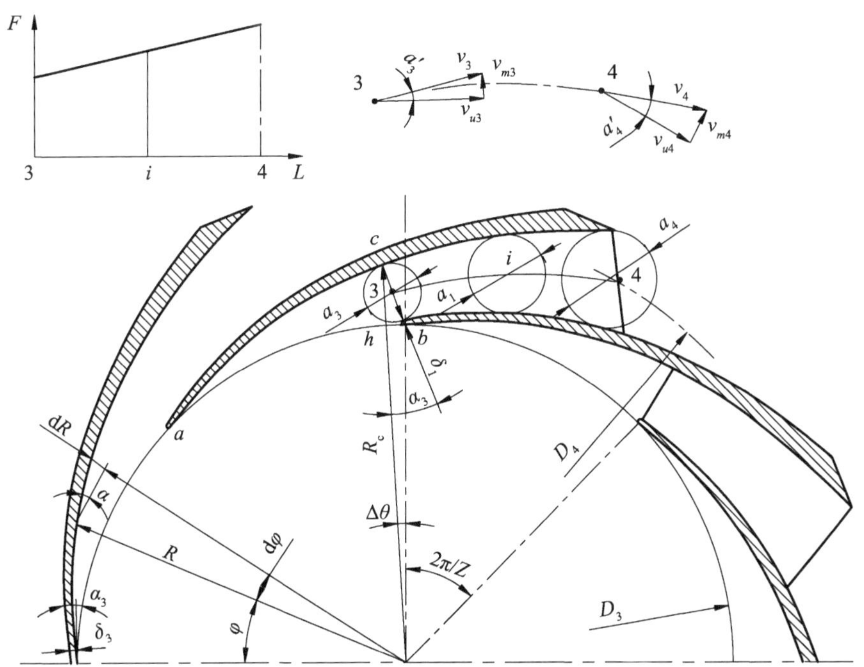

图 3-17　正导叶螺旋线部分和扩散段的设计

③ 设计要点。

A. 基圆直径 D_3。

D_3 是指切于导叶进口螺旋线起点的圆的直径，选取

$$D_3=(1.02\sim1.05)D_2$$

注：比转速高或尺寸小的泵取大值，通常最大的径向间隙不超过 5 mm。增大间隙会降低泵的效率，但运行更平稳。

B. 导叶进口宽度（轴向宽度）b_3。

螺旋线部分的流道宽度 b_3 稍大于 b_2 并保持不变，一般取

$$b_3=b_2+(2\sim5)\ \text{mm}$$

式中，b_2 为叶片出口宽度。

C. 流道高度 a_3。

导叶喉部面积为

$$A_3=a_3\cdot b_3$$

式中，a_3 为喉部平面宽度（流道高度）；b_3 为喉部轴面宽度（进口宽度）。一般推荐 $a_3=(1.0\sim0.9)b_3$。

D. 叶片数 Z。

在 $a_3=b_3$ 的条件下，叶片数应该为

$$Z=\frac{\pi\sin(2\alpha_2)}{\ln\left[(a_3+\delta_3)\dfrac{\cos\alpha_3}{r_3}+1\right]}$$

式中，δ_3 为导叶叶片头部厚度。

E. 螺旋线的角度和线型。

液体从叶轮出口进入螺旋线部分，液体按 $c_uR=K_2$（常数）的规律流动。

a. 导叶进口安放角 α_3。

螺旋线部分的叶片角度可用下式确定：

$$\tan\alpha_3=\tan\alpha_2\cdot\frac{b_2}{b_3}\cdot\frac{\tau_2}{\tau_3}$$

式中，α_2 为叶轮出口的绝对流动角；τ_2 为叶轮出口排挤（阻塞）系数；τ_3 为导叶的排挤（阻塞）系数。

b. 螺旋线部分的线型。

$$R=R_3\cdot e^{\varphi\cdot\tan\alpha_3}$$

给定不同的 φ 角（弧度），用上式可算出相应 φ 角的半径，从而画出螺旋线部分的平面图。

F. 扩散段的流道。

直扩散比弯曲扩散性能好，但径向尺寸大。

扩散段的流道可在一个方向扩散（即 $a_4>a_3$，$b_4=b_3$），也可在两个方向扩散（$a_4>a_3$，$b_4>b_3$）。在一个方向扩散时，$\varepsilon=10°\sim12°$；在两个方向扩散时，$\varepsilon=6°\sim8°$。

3.4.3　上进口导叶式立式自吸泵

1. 结构和工作原理

上进口导叶式立式自吸泵由叶轮、导叶、外层箱体、机械密封、轴承和进口弯管等组成，如图 3-18 所示。上进口导叶式立式自吸泵进口具有一个进水流道，并具有一个双层的泵体。进口通过一个扩散的泵体与泵进口相接；双层泵体中蜗壳与泵体间构成一个较大的空腔，这个空腔有储存启动循环水和在自吸过程中进行气水分离的作用。常称空腔下部为储水（液）室，上部为气水（液）分离室。其自吸机理及过程同常规立式自吸泵。

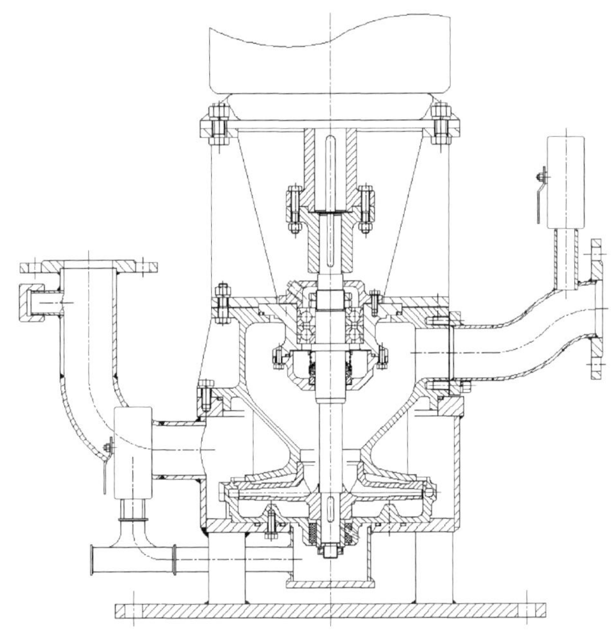

图 3-18　上进口导叶式立式自吸泵结构

2. 主要结构参数设计

同下进口导叶式立式自吸泵。

3.5　旋流自吸泵

3.5.1　概述

旋流自吸泵的原理提出和研发最早始于 20 世纪 80 年代初日本株式会社横田制作所，用以解决普通自吸泵泵体结构复杂、笨重，泵效率低，输送有杂质的介质回流孔容易堵塞等问题。国内对旋流自吸泵的研究工作起步较晚，并缺乏系统的理论研究，设计理论和性能研究还处于探索阶段。1996 年，大连大耐泵业有限公司提出了旋流自吸泵初步设计方法。2008 年，江苏大学对旋流自吸泵模型泵内部流场进行了定常数值计算，得出了内部流场初步流动规律。

3.5.2 结构简介

旋流自吸泵作为一种新型自吸泵类产品，具有效率高、不易堵塞、结构简单紧凑等显著特点。旋流自吸泵整体结构与IS型离心泵很相似，属于悬架式悬臂泵，由进口弯管、叶轮、泵体、密封函和轴承体等组成，如图3-19所示。

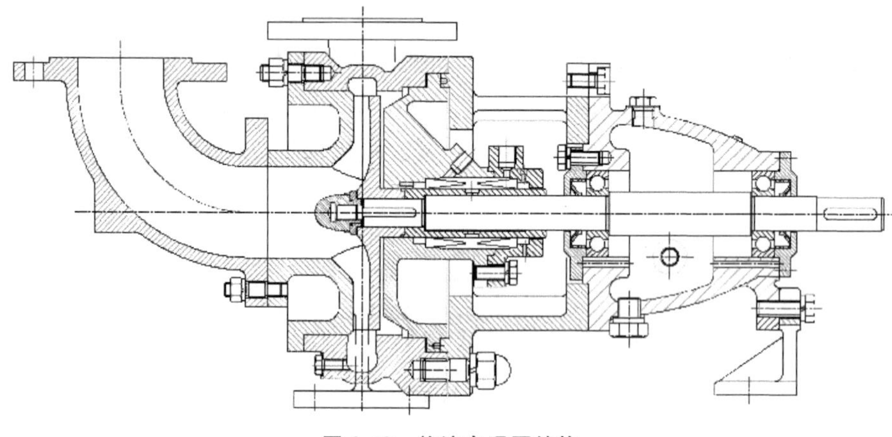

图3-19 旋流自吸泵结构

旋流自吸泵的叶轮采用离心式叶轮，但其蜗壳结构较为特殊，如图3-20所示，腔内有一导壁，导壁上方是气液分离室，旁边是凸台，其作用是阻止分离后的气体回流到叶轮。

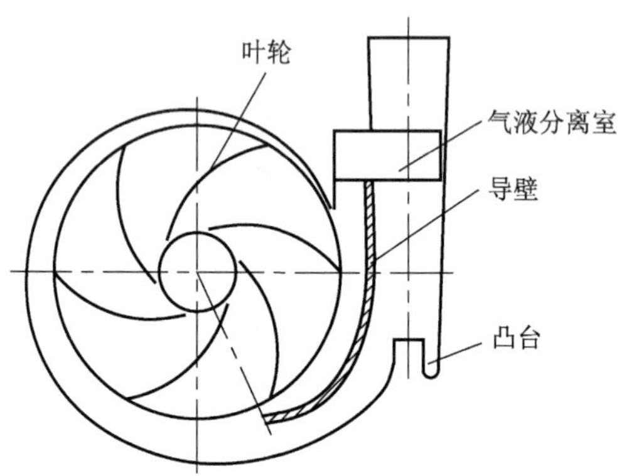

图3-20 旋流自吸泵水力结构图

3.5.3 工作原理

泵启动前，泵体内充满液体，而吸入管充满空气。泵启动后，由于叶轮的旋转使水压入蜗壳和排出管中，在蜗壳的内周形成一个旋转的水环，水环承受着吸入侧和排出侧之间的压力差，其厚度与压力差有关。叶轮内部充满来自吸入管的空气，水环处于紊流状态，在水环与空气的交界处存在着一个水与空气混合的过渡区。过渡区形成了一个稳定层，阻碍着空气通过。为消除这个稳定层，在靠近隔舌处设置一导壁，以此来产生一个冲刷射流。导壁的前半部分能起到喷嘴的作用，后半部分则可起扩压器的作用。叶轮周边处的水经过导壁时被压入刚好掠过该处的叶片空间，与叶轮内的水-空气混合物发生混合，在叶片空间获得了加速度。这样，混合物就立即被重新压入由导壁和隔舌所形成的小流道中。

从小流道出来的气液混合物进入分离室中，由于气液混合物在分离室中呈螺旋运动，所以在离心力的作用下气液分离，液体因较重逐渐贴着边壁运动，气体则分离出来从排出管逸走，液体下沉回到泵体中。中央的凸台起到阻止气体再次进入泵体的作用。这一循环过程在单个叶片空间重复进行，直到泵内空气全部排除而开始正常工作。

3.5.4　主要结构参数设计

旋流自吸泵的叶轮设计与一般离心泵的设计类似，蜗壳结构较为特殊，为了减少水力损失，泵体蜗壳内的流速比普通离心泵低，叶轮流道内的流速也要相应降低。下面是叶轮和蜗壳主要参数的计算公式，叶轮和蜗壳其余尺寸的设计同普通离心泵。

1. 叶轮设计

旋流自吸泵较普通离心泵增加了一些水力损失，所以设计自吸泵叶轮时必须给予考虑。具体设计时，可采用选取系数适当加大或者对按离心泵常规设计计算的结果加以修正等方法。由于影响设计的因素较复杂，无法用精确计算获得修正系数，所以如同其他水泵设计方法一样采用经验系数。

叶轮外径 D_2 按下式确定：

$$D_2 = KD_2'$$

式中，D_2' 为按普通离心泵计算的叶轮外径；K 为系数，取 1.01～1.03。

2. 泵体设计

旋流自吸泵的泵体是设计中的一个关键零件。在叶轮设计确定后，自吸泵能否实现自吸、自吸时间长短及泵效率高低主要取决于泵体设计。

(1) 基圆直径 D_3 的确定

叶轮与隔舌之间的径向间隙从 2 mm 增加到 20 mm，对泵的自吸性能无太大影响，但随着间隙的增大，自吸时间变长，直至无法自吸。一般情况下取 $D_3 = (1.02 \sim 1.05)D_2$。

(2) 蜗壳进口宽度 b_3 的确定

考虑到自吸性能，通常 $b_3 = b_2 + (5 \sim 10)\text{mm}$。

(3) 导壁端点所在直径 D_4 的确定

导壁端点所在直径决定了过流能力，根据经验取 $D_4 = D_3 + (7 \sim 20)\text{mm}$。

(4) 隔舌位置的确定

根据具体结构，隔舌位置可查隔舌安放角与比转速的关系表 3-1 确定，一般取 $\varphi_0 = 20° \sim 30°$。

表 3-1　隔舌安放角 φ_0 和比转速 n_s 的关系

比转速 n_s	40～60	60～130	130～220	220～360
隔舌安放角 φ_0/(°)	0～15	15～25	25～38	38～45

(5) 导壁包角 θ_g 的确定

一般导壁包角取 $\theta_g=55°\sim75°$。

(6) 第Ⅶ断面面积 $F_Ⅶ$ 的确定

第Ⅶ断面面积 $F_Ⅶ$ 可由速度系数法确定，断面上液流的平均速度为

$$v_3=K_3\sqrt{2gH}$$

式中，K_3 为螺旋形压水室的速度系数，由图 3-21 可查出。

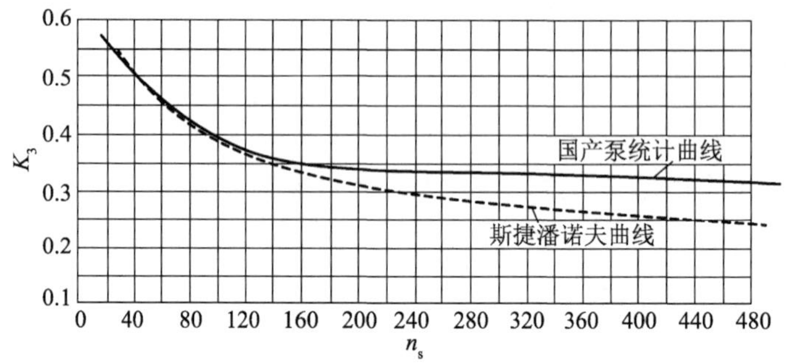

图 3-21　螺旋形压水室的速度系数(对导叶可近似取 $0.8K_3$)与 n_s 的关系

第Ⅰ～Ⅵ断面面积：

$$F_i=\frac{(360-\varphi_0)Q}{360v_3}$$

(7) 气液分离室半径的确定

液体从小流道流出后进入气液分离室，在气液分离室中沿对数螺旋线运动，

$$r=r_0\mathrm{e}^{\theta\tan\alpha}$$

式中，r 为气液分离室螺旋线上任意一点的半径；r_0 为气液分离室起始点半径；θ 为中心角，以弧度表示；α 为螺旋角。当 $\theta=\pi$ 时，$r=\dfrac{D_4}{2}$，代入上式可求得螺旋角 α，其中 $0\leqslant\theta\leqslant\pi$。

根据蜗壳主要尺寸及其他尺寸的计算，即可画出蜗壳中心回转面图和各断面图。图 3-22 为蜗壳中心回转面图。

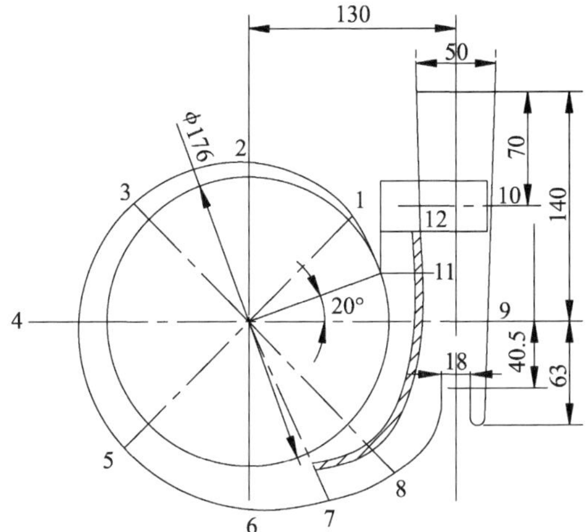

图 3-22　蜗壳中心回转面图

第4章 轴流泵

轴流泵和斜流泵属于低扬程泵，在农田灌溉、市政给排水、调水工程、电厂循环水工程等方面有着广泛的应用。对于这些大型低扬程泵，直接设计计算很难保证性能，要像水轮机一样，通过模型进行相似设计。因此，模型的技术水平是保证实型泵性能的关键。

4.1 南水北调轴流泵模型概况

2004 年水利部会同国家质检总局在天津组织了南水北调工程水泵模型同台测试(天津计验)。到 2004 年 11 月 30 日征集截止日，共征集到 27 台水泵模型，其中 25 台轴流泵，2 台斜流泵。送试的单位有江苏大学、扬州大学、无锡水泵厂(含日立公司模型)、高邮水泵厂(含华中科技大学模型)。

2005 年 1 月 22 日同台测试成果通过了专家级评审，获颁同台测试成果证书，并向社会公布。这次同台测试是在同一个试验台上，由同一试验组集中在同一时间段内，在监督组的监督下进行测试，做到了组织严密、工作规范严谨、数据公正可信。

天津试验的有关说明：

① 试验结果中扣除了空载，各模型泵的空载在模型数据表中标出；

② 试验结果中未进行测压管段(长 1.4 m)的水力损失修正；

③ 临界汽蚀余量按泵效率下降 1%确定；

④ 改变叶片角度，叶片和轮毂侧的间隙不准进行封堵。

模型型号说明：以 TJ04-ZL(HL)-19 为例，TJ 表示水泵模型天津同台测试代号，04 表示 2004 年集中试验的模型，ZL(HL)表示轴流(混流)，19 表示水利部南水北调工程水泵模型天津同台测试编号。

表 4-1 为 27 个模型的天津同台测试结果。

表 4-1　水利部南水北调工程水泵模型天津同台测试最优工况点的参数表(泵段)

序号	模型代号	流量 Q/($L \cdot s^{-1}$)	扬程 H/m	效率 η/%	转速 n/($r \cdot min^{-1}$)	汽蚀比转速 C	比转速 n_s	名义比转速 n_s	模型送试单位	南水北调用例
1	TJ04-HLD-01	353.27	10.939	83.00	1450	768	500	500	无锡水泵厂	
2	TJ04-HLD-02	435.88	9.469	80.31	1450	917	647	650	高邮水泵厂	
3	TJ04-ZL-08	350.13	9.378	85.08	1450	960	584	600	江苏大学	
4	TJ04-ZL-03	364.36	8.80	84.41	1450	990	625	650	江苏大学	
5	TJ04-ZL-13	388.82	7.247	83.95	1450	895	747	750	高邮水泵厂	
6	TJ04-ZL-25	376.50	7.193	84.05	1450	974	739	750	扬州大学	
7	TJ04-ZL-24	383.58	7.162	85.00	1450	1027	749	750	扬州大学	
8	TJ04-ZL-02	372.45	7.151	85.12	1450	1026	739	750	江苏大学	江都四站
9	TJ04-ZL-26	354.52	6.553	84.45	1450	1167	769	750	扬州大学	
10	TJ04-ZL-11	360.42	6.546	83.55	1450	1038	776	800	扬州大学	
11	TJ04-ZL-20	362.68	6.527	85.44	1450	1057	781	800	江苏大学	万年闸站
12	TJ04-ZL-14	340.16	6.450	82.45	1450	1125	763	750	无锡水泵厂	
13	TJ04-ZL-04	341.49	6.364	84.43	1450	1102	772	750	江苏大学	
14	TJ04-ZL-18	316.96	6.035	81.98	1450	998	774	750	无锡水泵厂	
15	TJ04-ZL-19	376.80	6.026	85.50	1450	1070	845	850	江苏大学	台儿庄站
16	TJ04-ZL-12	464.14	5.859	83.55	1450	1249	776	800	扬州大学	解台泵站
17	TJ04-ZL-21	361.03	5.471	83.59	1450	929	889	900	扬州大学	
18	TJ04-ZL-05	364.70	5.400	83.27	1450	1163	902	900	江苏大学	
19	TJ04-ZL-01C	385.06	5.246	83.65	1450	937	948	950	江苏大学	
20	TJ04-ZL-22	366.51	5.017	82.79	1450	1044	956	950	扬州大学	
21	J04-ZL-16	256.78	4.982	78.63	1450		804	800	无锡水泵厂	
22	TJ04-ZL-06	387.34	4.887	85.59	1450	1027	1002	1000	江苏大学	刘山大套
23	TJ04-ZL-23	318.80	4.455	85.27	1450	926	975	950	扬州大学	
24	TJ04-ZL-15	369.64	4.415	81.99	1450	931	1057	1050	无锡水泵厂	淮安四站
25	TJ04-ZL-07	352.02	3.599	83.42	1450	1207	1202	1200	江苏大学	
26	TJ04-ZL-10B (双向泵)	416.60	2.774	75.19	1450		1589	1600	江苏大学	
27	TJ04-ZL-09 (双向泵)	396.96	2.643	75.30	1450		1609	1600	江苏大学	

注：① $D=300$ mm，$n=1450$ r/min；
② 流量、扬程、效率、汽蚀比转速是各角度的平均值；
③ 最优工况的汽蚀比转速按天津试验综合特性曲线图中的 NPSH 曲线计算得到；
④ 参数表中南水北调用例统计到 2008 年 8 月。

4.2 泵效率计算和水力效率估算

4.2.1 泵效率计算

$$\eta=\eta_m\eta_v\eta_h \tag{4-1}$$

式中，η_m 为机械效率，$\eta_m=0.95\sim0.97$；η_v 为容积效率，$\eta_v=0.96\sim0.99$；η_h 为水力效率。

图 4-1 是江苏大学系列轴流泵模型泵效率曲线（模型试验中已经扣除机械效率 η_m），即

$$\eta=\eta_h\eta_v \tag{4-2}$$

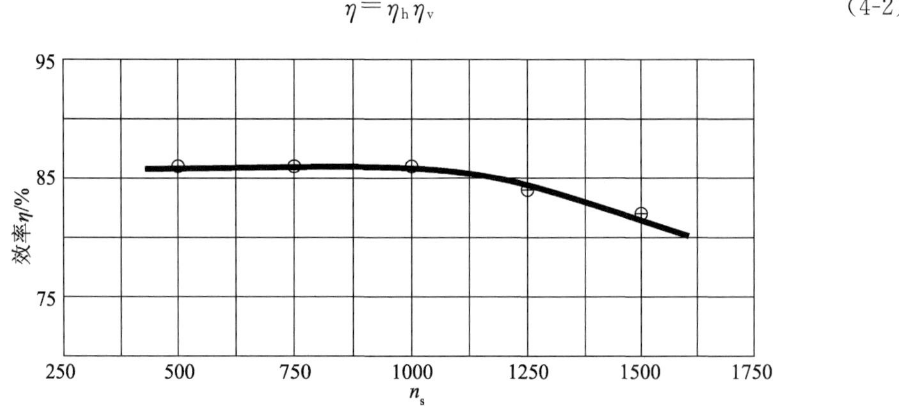

图 4-1 泵效率和比转速的关系（$D=300$ mm，$n=1450$ r/min）

潜水轴流泵的上泵式结构的泵效率比图 4-1 中数值平均低 4%～5%；污水污物潜水电泵（轴流式）的泵效率比图 4-1 中数值平均低 7%～10%。

4.2.2 泵水力效率估算

在设计轴流泵时，首先要估算水力效率。泵水力效率估算有以下两个公式可供选择：

$$\eta_h=\sqrt{\eta}-(0.02\sim0.03)$$

或

$$\eta_h=1-\frac{0.42}{(\lg D-0.172)^2} \tag{4-3}$$

式中，D 为叶轮外径，mm。

4.3 轴流叶轮几何参数选择

1. 叶轮直径 D

依据流量相似公式，设 $nD=K$，则

$$\frac{Q}{Q_M}=\frac{n}{n_M}\left(\frac{D}{D_M}\right)^3=\frac{nD}{n_M D_M}\left(\frac{D}{D_M}\right)^2=\frac{K}{n_M D_M}\left(\frac{D}{D_M}\right)^2$$

式中，带下标 M 的为模型泵，不带下标的为实型泵。

根据上式有

$$D=D_{M}\sqrt{\frac{n_{M}D_{M}Q}{KQ_{M}}}$$

通常模型泵的 $D_{M}=0.3\ \mathrm{m}$，$n_{M}=1450\ \mathrm{r/min}$，$Q_{M}=0.35\sim0.38\ \mathrm{m^3/s}$，则

$$D=10\sqrt{\frac{Q}{K}} \tag{4-4}$$

式中，K 为 nD 值，一般取 $K=350\sim415$。

由给定的 K 算出叶轮直径后，再选择合适的电机转速，调整叶轮直径。

2. 轮毂比 $\bar{d}$

轮毂用来固定叶片，在结构和强度上应保证满足安装叶片和调节叶片的要求。从水力性能上讲，减小轮毂比 $\bar{d}$，可减小水力摩擦损失，增大过流面积，有利于抗汽蚀性能的改善。但是过分地减小轮毂比会增加叶片的扭曲，当偏离设计工况时会造成液体流动的紊乱，在叶轮出口形成二次回流，使泵效率下降、高效范围变窄。图 4-2 是江苏大学系列轴流泵模型采用的轮毂比 $\bar{d}=\frac{d_{h}}{D}$的统计结果，可供参考。

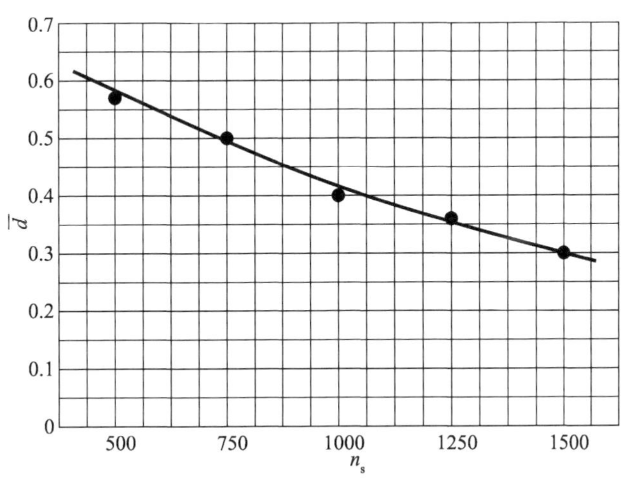

图 4-2　轮毂比和比转速的关系

3. 叶栅稠密度 l/t

叶栅稠密度 l/t 是轴流泵叶轮的重要几何参数，它直接影响泵的效率，也是决定汽蚀性能的重要参数。减小 l/t，表征叶轮叶片总面积减小，叶片两面的平均压差增大，将使汽蚀性能变坏，且随着叶片流道扩散角的增大，扩散损失也会增大；但摩擦面积减小，可以提高效率，因为叶轮内的水力损失与 w_{∞} 成正比，外缘上的 w_{∞} 大，过流量大，对泵的效率起到重要作用。另外，相对速度最大的外缘处，也是最容易发生汽蚀的部位。所以，对于轴流泵而言，重点是确定外缘的 l/t。在选择 l/t 时，应考虑以下两点：

① 从能量转换和汽蚀性能考虑，不论叶片数有多少，叶片都应当有一定的长度，用以形成理想的通道，所以选择 l/t 还应当考虑叶片数的多少。根据试验研究，推荐以下外缘

处的 l/t 值，供设计时参考。

当 $Z=3$ 时，$l/t=0.65\sim0.75$；

当 $Z=4$ 时，$l/t=0.75\sim0.85$；

当 $Z=5$ 时，$l/t=0.84\sim0.94$。

② 适当减小外缘侧的 l/t，增大轮毂侧的 l/t，以减小内外侧翼型的长度差，均衡叶片出口扬程。推荐轮毂和轮缘之间各截面的 l/t 按直线规律变化，其值为 $(l/t)_h=(1.3\sim1.4)(l/t)_0$。图 4-3 是江苏大学系列轴流泵模型采用的叶栅稠密度 l/t 统计图，可供参考。

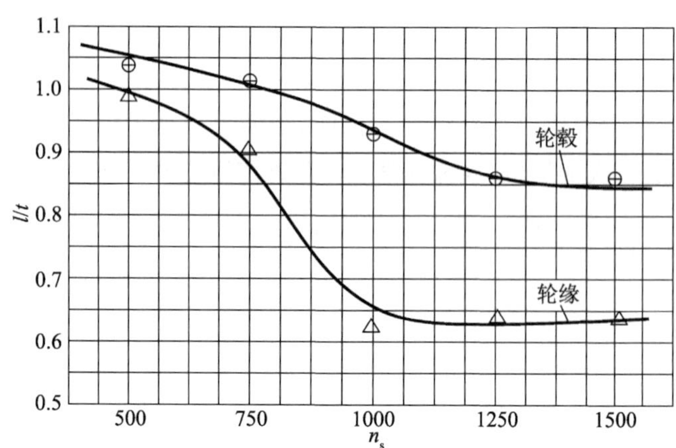

图 4-3　叶栅稠密度 l/t 和比转速的关系

4. 叶片数 Z 和翼型厚度 δ

(1) 叶片数 Z

叶片数通常按比转速 n_s 选取，表 4-2 是江苏大学系列轴流泵模型使用的叶片数 Z，供设计时参考。

表 4-2　叶片数 Z 和比转速的关系

n_s	500	600	700	850	1000	1250	1500
Z	5	5	4	4	3	3	3

(2) 翼型厚度 δ

翼型厚度 δ 与弦长 l 有关，通常轮毂截面的相对厚度 $\bar{\delta}_h$ 为

$$\bar{\delta}_h=\frac{\delta}{l}=(10\sim15)\% \tag{4-5}$$

轮缘截面的厚度按工艺条件确定，通常轮缘截面的相对厚度 $\bar{\delta}_0$ 为

$$\bar{\delta}_0=\frac{\delta}{l}=(2\sim5)\% \tag{4-6}$$

江苏大学系列轴流泵模型的叶轮直径为 300 mm,叶片外缘厚度通常取 6 mm,轮毂厚度取 14 mm。从轮毂到轮缘,其厚度可按线性规律变化。

5. 叶片进口冲角 $\Delta\beta$

叶片角等于液流角加上冲角,即 $\beta=\beta_1+\Delta\beta$,由于泵的最终工作情况是由叶片角决定的,因而冲角的确定是非常重要的。建议冲角选取 $0°\sim3°$,从轮毂到轮缘逐渐增大,比转速大者取小值。

6. 型线半径 R 及翼型厚度变化规律

(1) 型线半径 R

型线的形状:叶片型线应是连续的曲线,通常采用单圆弧或抛物线。单圆弧如图 4-4 所示。

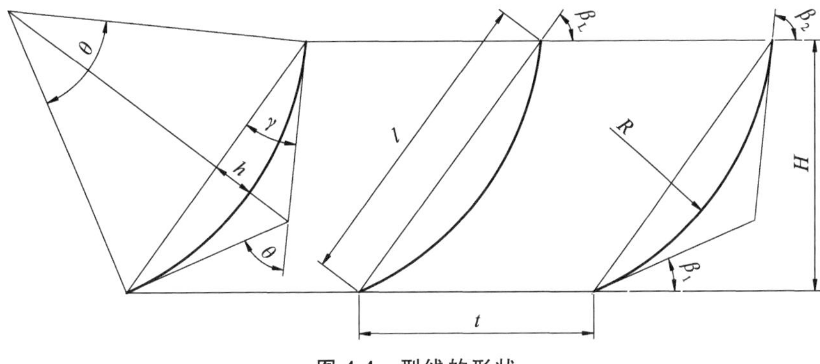

图 4-4　型线的形状

图中,β_1、β_2 为型线进、出口角;γ 为型线曲率角;θ 为型线中心角;h 为翼型拱度;H 为翼型高度;β_L 为型线安放角。

对于圆弧叶片,可知各角度的关系:

$$\beta_L=\beta_1+\gamma,\beta_L=\beta_2-\gamma,\gamma=\frac{\theta}{2},\beta_L=\frac{\beta_1+\beta_2}{2},\beta_2-\beta_1=\theta$$

型线的高度 H:

$$H=l\sin\beta_L=l\sin\frac{\beta_1+\beta_2}{2}$$

型线的拱度 h:

$$h=R-(R-h)=\frac{l}{2\sin\gamma}-\frac{l}{2\tan\gamma}=\frac{l}{2}\frac{1-\cos\gamma}{\sin\gamma}$$

型线的半径 R:

$$R=\frac{l}{2\sin\dfrac{\theta}{2}}=\frac{l}{2\sin\dfrac{\beta_2-\beta_1}{2}}=\frac{H}{\cos\beta_1-\cos\beta_2} \tag{4-7}$$

由图可知:

$$R^2=\left(\frac{l}{2}\right)^2+(R-h)^2$$

$$R=\frac{1}{8}\frac{l^2}{h}+\frac{h}{2}$$

型线也可以在保证进、出口角的情况下，按任意光滑曲线画出。

(2) 翼型厚度变化规律

可以选择任何一种翼型厚度变化规律进行加厚。现介绍 791 翼型厚度变化规律，如图 4-5 和表 4-3 所示。

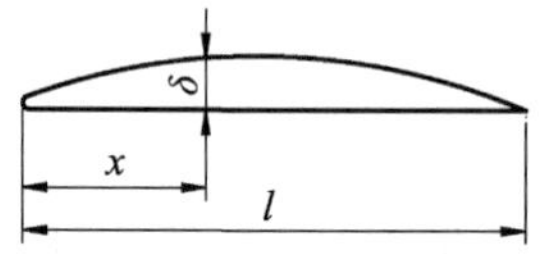

图 4-5　791 翼型的厚度变化

表 4-3　791 翼型的厚度变化规律

x/l	0	0.05	0.075	0.1	0.2	0.3	0.4	0.5	0.6	0.7	0.8	0.9	0.95	1.0
δ/δ_{max}	0	0.296	0.405	0.489	0.778	0.92	0.978	1.0	0.883	0.756	0.544	0.356	0.2	0

注：加厚时，以型线为工作面向背面加厚。

4.4　轴流叶轮绘型步骤

1. 画翼型展开图

按计算得到的各截面翼型安放角 β_L 作出弦线 l，按计算的型线半径画出翼型展开图（见图 4-6）。

2. 确定翼型转动中心的位置

① 先画外缘翼型型线。

② 在距离进口为弦长的 40%～50%处画一竖线，表示叶片转动中心线在平面图上的投影线。

③ 过型线（工作面）与竖线的交点（稍上或稍下）作水平线，此水平线表示轴面图上叶片的转动中心线。

其他翼型的画法与外缘相同（见图 4-6），只是水平轴线与外缘翼型水平轴线相比，离型线进口削缘点的轴向距离按一定规律增加，使得叶片表面从外缘向轮毂侧倾斜，以减小径向流动。

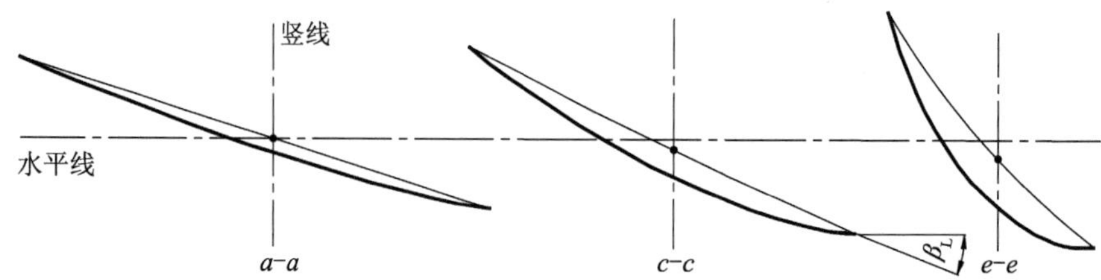

图 4-6　翼型转动中心位置

3. 画平面投影图和轴面投影图

如图 4-7 所示，在平面图中作出轮毂、轮缘和各截面的弧线，并作出间隔角 $\Delta\theta$ 的射线，$\Delta\theta$ 通常取 5°或 10°。

平面投影图的画法：$\Delta\theta$ 角对应的各截面的弧长 $L=\frac{2\pi R}{360}\Delta\theta$，在翼型展开图中沿竖线(平面轴心线)两侧画出若干条竖线，竖线间的距离等于弧长 L。

轴面投影图的画法：在翼型展开图中沿水平线(轴面轴心线)上下作出若干条间距相等的横线，假设间距为 ΔZ。在轴面投影图的轴心线(竖线)两侧画出间距等于 ΔZ 的若干条竖线。

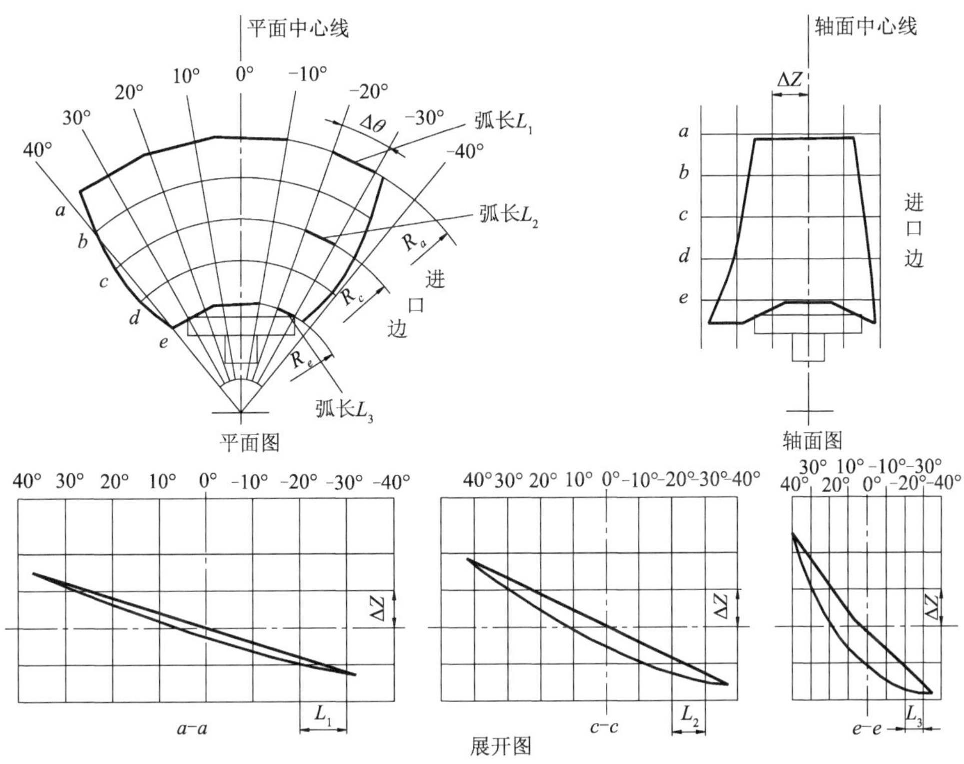

图 4-7　叶片平面投影图和轴面投影图的绘制

4. 画进、出口边

将各截面翼型展开图中的进、出口端点，按其所在的角度，点到平面图各截面相应角度的位置上，各点的连线为进、出口边，此线应光滑；将翼型展开图中各翼型进、出口端点离水平线(轴面轴心线)的距离，投影到轴面投影图相应的截面上，所得点的连线为进、出口边的轴面投影线，此线应光滑；如果平面投影图和轴面投影图中进、出口边不光滑，则应当调整翼型的弦长 l 或转动中心的位置加以调整。

5．检查叶片表面的光滑性

（1）水平截面

在翼型展开图中，各翼型的水平截面如1，2，3，…，分别和各自的工作面（背面）相交，将同一编号水平截面和各翼型工作面（背面）的交点，按所在的角度，投影到平面图相应截面（弧线）的相应位置，连接各点，得到工作面（背面）所对应角度的截线，如图4-8所示水平截面图中的1-1、2-2、3-3。

（2）轴向截面

在翼型展开图中，各翼型的轴向截面（竖线）如－10°，0°，10°，…，分别和各自工作面（背面）相交，将同角度截面（如10°）和各翼型工作面（背面）的交点所在的轴向位置，按假设的同一基准投影到轴面图相应截面上，所得各点连线为轴面截线，此线应光滑，如图4-8所示轴向截面图中的30°、0°、－30°。

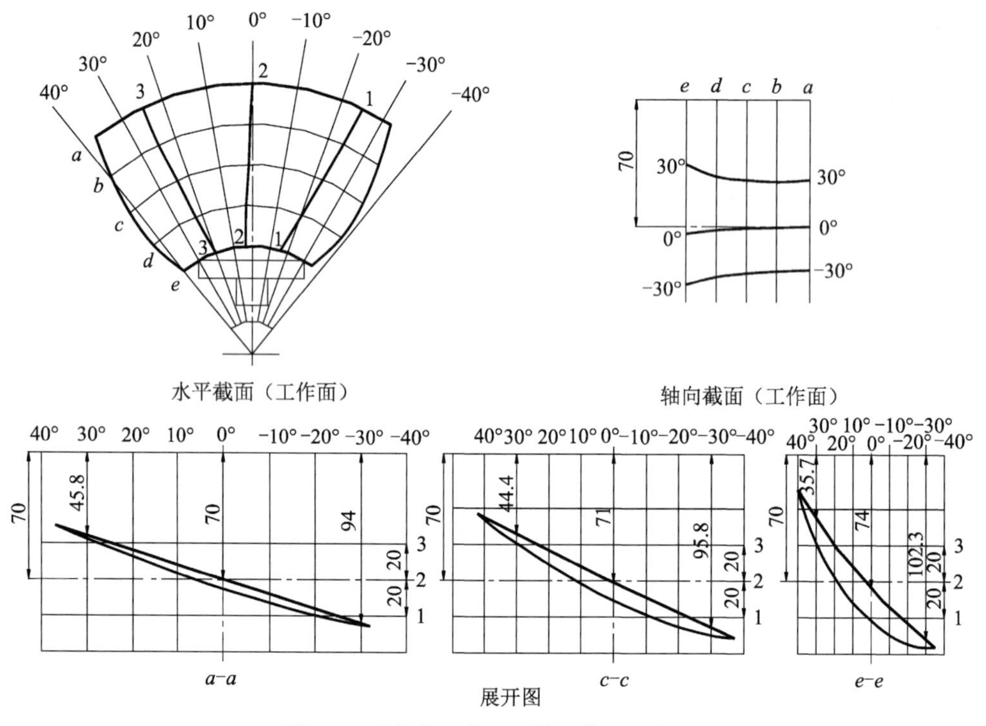

图4-8　叶片水平截面和轴向截面的检查

由上述可绘制如图4-9所示的轴流泵叶片三维图。

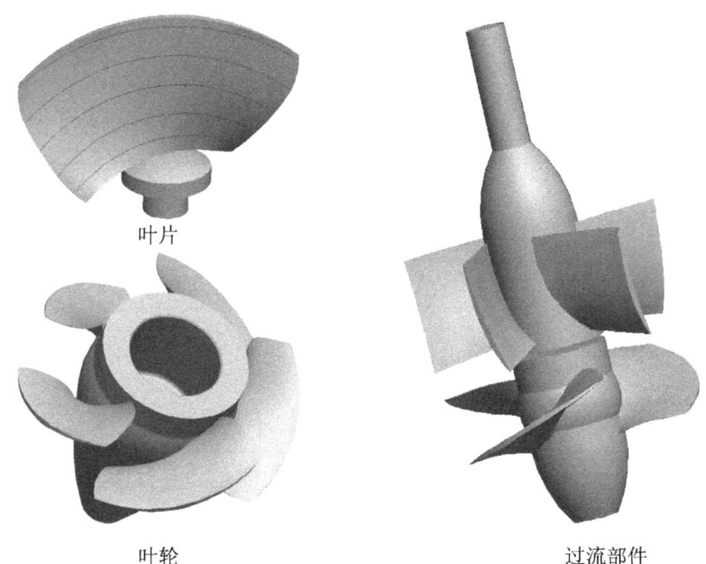

图 4-9　轴流泵叶片三维图

4.5　轴流叶轮设计步骤和计算例题

4.5.1　设计步骤

① 按给定的设计参数确定转速(有时给定)和叶轮直径。

② 分流面(一般分 5 个)的流面间距应相当,考虑到以后三维实体建模的准确性,轮毂、轮缘可作为两个流面。

③ 选择叶栅稠密度 l/t,计算弦长 $l=t\dfrac{l}{t}$。

④ 确定容积效率 η_v,各截面的 η_v 可取同一值。

⑤ 估算各截面的排挤系数 $\psi=1-\dfrac{2}{3}\dfrac{\delta_{max}}{t\sin\beta}$,对于叶轮直径为 300 mm 的轴流泵模型,叶片最大厚度为轮缘 6 mm、轮毂 14 mm,其余截面按线性变化。不同叶轮直径泵的厚度按比例变化,叶弦角一般可由轮缘 20°按线性变化到轮毂 40°。

⑥ 对于水力效率,中间截面按 $\eta_h=\sqrt{\eta}-(0.02\sim0.03)$确定,从轮缘到轮毂线性变化。

⑦ 选定 v'_{u2} 的修正系数,计算 $v_{u2}=\xi v'_{u2}$。

⑧ 计算各截面进口液流角 β'_1,选择冲角 $\Delta\beta_1$,确定叶片进口角 $\beta_1=\beta'_1+\Delta\beta_1$。

⑨ 计算各截面出口液流角 β'_2,v'_{m2} 可认为等于各截面进口轴面速度。

⑩ 确定叶片出口角 $\beta_2=\beta'_2+\Delta\beta_2$,考虑到有限叶片数等因素的影响,$\Delta\beta_2$ 的选用范围为 0°～3°。

⑪ 确定翼弦角 β_L,计算型线半径 R。

4.5.2 计算例题

以比转速 1000 为例，叶轮设计参数见表 4-4。叶轮绘型图例见图 4-10。

表 4-4 比转速 1000 的叶轮设计参数

比转速 1000							
初始参数		$Q/(\mathrm{L\cdot s^{-1}})$	H/m	$n/(\mathrm{r\cdot min^{-1}})$	d_h/mm	Z	D/mm
		350	4.58	1450	120	3	300
项目	参数及公式	单位	e	d	c	b	a
截面	D	mm	120	165	210	255	300
节距	$t=D\pi/Z$	mm	125.66	172.79	219.91	267.04	314.16
l/t	给定 l/t		0.93	0.81	0.73	0.66	0.60
弦长	l	mm	116.87	139.96	160.54	176.24	188.50
v'_{m1}	$v'_{m1}=\dfrac{4Q}{\pi(D^2-d_h^2)\eta_v}$	m/s	6.01($\eta_v=0.98$)				
ψ	估算 $\psi=1-\dfrac{2}{3}\dfrac{\delta_{max}}{t\sin\beta}$		0.88	0.90	0.92	0.94	0.96
v_{m1}	$v_{m1}=v'_{m1}/\psi$	m/s	6.83	6.68	6.57	6.39	6.26
u	$u=\dfrac{\pi nD}{60}$	m/s	9.11	12.53	15.94	19.36	22.78
水力效率	$\eta_h=\sqrt{\eta}-(0.02\sim0.03)$		0.90	0.89	0.88	0.87	0.86
v'_{u2}	$v'_{u2}=\dfrac{gH_t}{u}=\dfrac{gH}{u\eta_h}$	m/s	5.48	4.03	3.20	2.67	2.29
v'_{u2} 修正系数	ξ		0.90	0.95	1.00	1.05	1.10
v_{u2}	$v_{u2}=\xi v'_{u2}$	m/s	4.93	3.83	3.20	2.80	2.52
β'_1	$\beta'_1=\arctan\dfrac{v_{m1}}{u}$	(°)	36.86	28.06	22.39	18.28	15.37
进口冲角	$\Delta\beta_1$	(°)	0	0.4	0.8	1.2	1.6
β_1	$\beta_1=\beta'_1+\Delta\beta_1$	(°)	36.86	28.46	23.19	19.48	16.97
β'_2	$\beta'_2=\arctan\dfrac{v_{m2}}{u-v_{u2}}$	(°)	58.54	37.51	27.27	21.11	17.18
出口冲角	$\Delta\beta_2$	(°)	1	1	1	1	1
β_2	$\beta_2=\beta'_2+\Delta\beta_2$	(°)	59.54	38.51	28.27	22.11	18.18
β_L	$\beta_L=(\beta_1+\beta_2)/2$	(°)	48.20	33.49	25.73	20.79	17.57
R	$R==\dfrac{l}{2\sin\dfrac{\beta_2-\beta_1}{2}}$	mm	297	799	1811	3831	8943

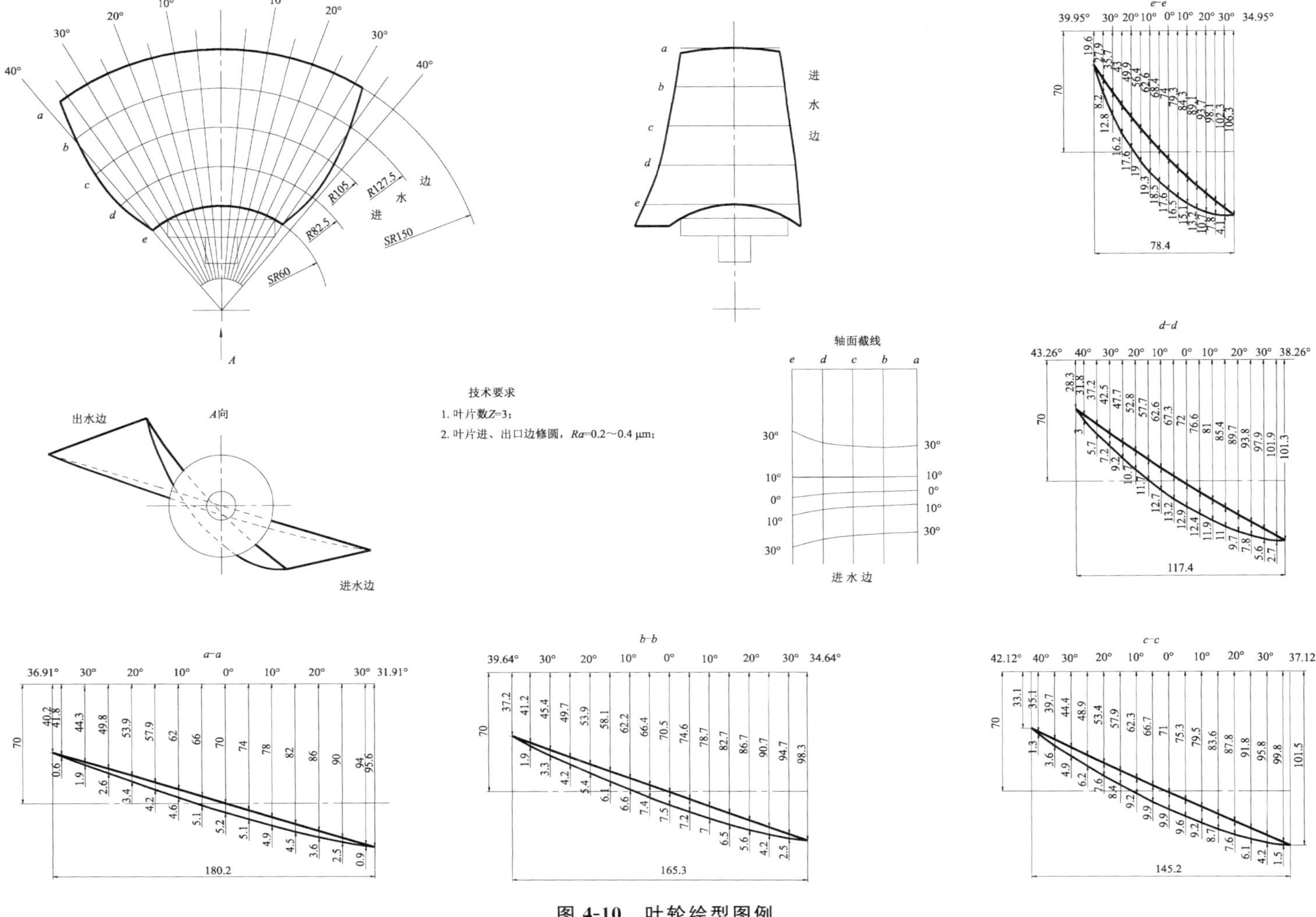
技术要求
1. 叶片数Z=3;
2. 叶片进、出口边修圆，Ra=0.2～0.4 μm;
出水边
A向
进水边
进水边
轴面截线
SR150
R127.5
R105
R82.5
SR60
a–a
b–b
c–c
d–d
e–e
180.2
165.3
145.2
117.4
78.4
70

图 4-10　叶轮绘型图例

4.6　轴流导叶的设计与计算

4.6.1　导叶结构参数的选择

为了减小泵的轴向长度，常将导叶与扩散管合为一体，称为导叶体。轴流泵中导叶体的水力损失低于叶轮的水力损失。

确定导叶的主要结构参数时(见图 4-11)，应与叶轮室和出水管的结构统一考虑。导叶体的扩散角一般为 $\theta \leqslant 6° \sim 10°$；导叶进口边一般与叶轮叶片出口边平行，其间的距离为 $S=(0.05\sim0.1)D$；叶片数一般为 $Z=5\sim10$，低比转速的泵取较多的叶片数；出口直径 D_4 应选用标准管径；导叶的轴向高度 H 与其叶栅稠密度 l/t 及叶片数 Z 有关。实践表明，增多叶片数、缩短导叶长度取得了好的效果。

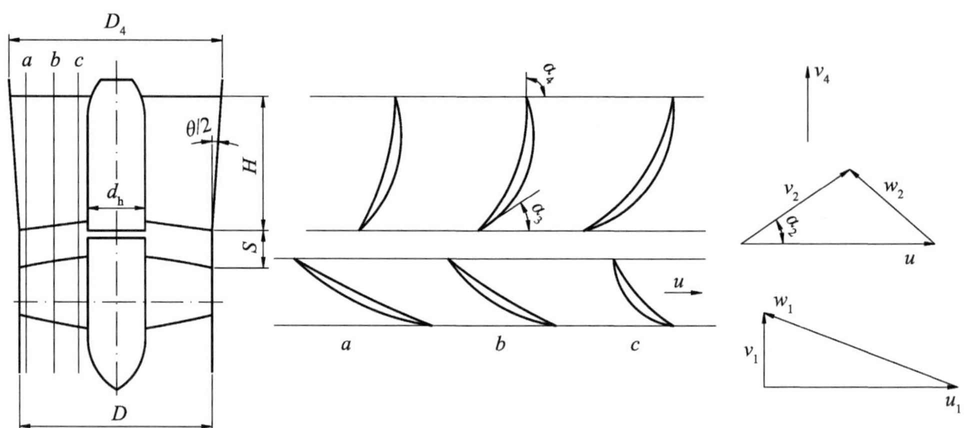

图 4-11　导叶结构参数

4.6.2　导叶几何参数的选择

1. 进口液流角

由进口速度三角形(见图 4-12)可知，进口液流角可按下式确定：

$$\tan\alpha_3'=\frac{v_{m3}}{v_{u3}\psi_3}$$

$$v_{m3}=\frac{4Q}{\pi(D_3^2-d_h^2)}$$

$$\psi_3=\frac{t_3-s_{u_3}}{t_3}=1-\frac{Zs_{u_3}}{\pi D_3}$$

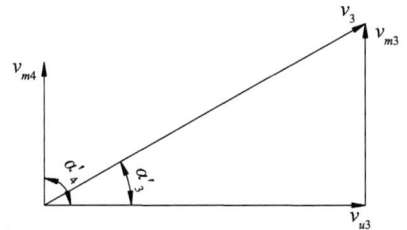

图 4-12　导叶进口速度三角形

式中，v_{m3} 为导叶进口轴面速度；D_3 为计算流面的进口直径；d_h 为轮毂直径；t_3 为导叶真实厚度；ψ_3 为叶片进口排挤系数；s_{u3} 为导叶进口圆周方向厚度。

$$s_{u3}=\frac{s_3}{\sin\alpha_3}$$

式中，s_3 为导叶进口流面厚度，可以认为近似等于真实厚度；α_3 为导叶进口安放角。

2. 进口叶片角

进口叶片角为

$$\alpha_3=\alpha_3'+\Delta\alpha$$

式中，$\Delta\alpha$ 为冲角，$\Delta\alpha=0^\circ\sim5^\circ$，通常可不加冲角。

因为导叶进口的 v_m 基本相同，所以也可以首先计算确定中间流线的叶片进口角，其他流线的按 $D\tan\alpha=\text{const}$ 确定。

开始计算时，进口叶片角 α_3 是未知的，为此可先假定 ψ_3 来计算 α_3'，再用确定的 α_3 计算 ψ_3，使其等于假定的 ψ_3；否则应用计算得到的 α_3 或 ψ_3 重新计算，直到假定值与计算值相等或相近。但导叶进口角对性能的影响不大，一般没必要精确计算。

3. 出口叶片角 α_4

考虑到有限叶片数的影响，α_4 应大于 90°，以保证液流法向出口。实际上，目前一般取 $\alpha_4=90^\circ$或 $\alpha_4=80^\circ\sim90^\circ$之间的值。

4. 叶栅稠密度 l/t

叶栅稠密度 l/t 与相邻叶片间流道的扩散角有关。由图 4-13 可知，叶栅中两叶片间进口宽度为 $t\sin\alpha_3$，出口宽度为 t，流道长度近似等于 l。由此，流道的扩散角可按下式确定：

$$\tan\frac{\varepsilon}{2}=\frac{t-t\sin\alpha_3}{2l},\quad\frac{l}{t}=\frac{1-\sin\alpha_3}{2\tan\frac{\varepsilon}{2}}$$

扩散角一般为 $\varepsilon=6^\circ\sim10^\circ$，不得超过 12°。通常先参考有关资料选择 l/t，然后校核扩散角是否在合适的范围内。

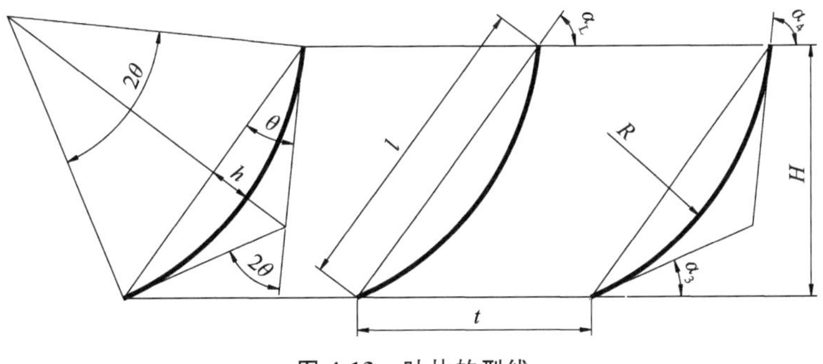

图 4-13　叶片的型线

5. 导叶高度和型线半径

导叶高度 H：

$$H=l\sin\alpha_L=l\sin\frac{\alpha_3+\alpha_4}{2}$$

型线半径 R：

$$R=\frac{l}{2\sin\theta}=\frac{l}{2\sin\frac{\alpha_4-\alpha_3}{2}}=\frac{H}{\cos\alpha_3-\cos\alpha_4}$$

或
$$R=\frac{1}{8}\frac{l^2}{h}+\frac{h}{2}$$

型线也可以在保证进、出口角的情况下，按任意光滑曲线画出。

6. 翼型厚度

选择某种翼型厚度变化规律，如 791 翼型厚度变化规律，以型线为工作面(凹面)向背面加厚，小泵也可以采用等厚叶片。在工艺和结构强度可能的条件下，厚度越薄越好，进口边应修成流线型，尾部修尖。

4.6.3 导叶绘型步骤

绘型包括画轴面图、翼型展开图和平面图。主要步骤如下：

① 按确定的结构参数画轴面投影图。

② 分流线(流面)：将进、出口边沿径向等分，连结相应的等分点，则得圆锥流面，如图 4-14 中的 a-a'、b-b'、c-c'、d-d'、e-e'。如果以进口边分点作圆柱面，则得圆柱流面。

③ 作垂直轴线的木模截面，如图 4-14 中的 1,2,3,…。

④ 根据计算得到的导叶进、出口角 α_3、α_4 和型线半径 R，如图 4-14 中的 a-a'、b-b'，画出每个流面的型线(型线也可以不按照半径 R 任意画出)，然后在型线上按选定的厚度(流面厚度)变化规律加厚。

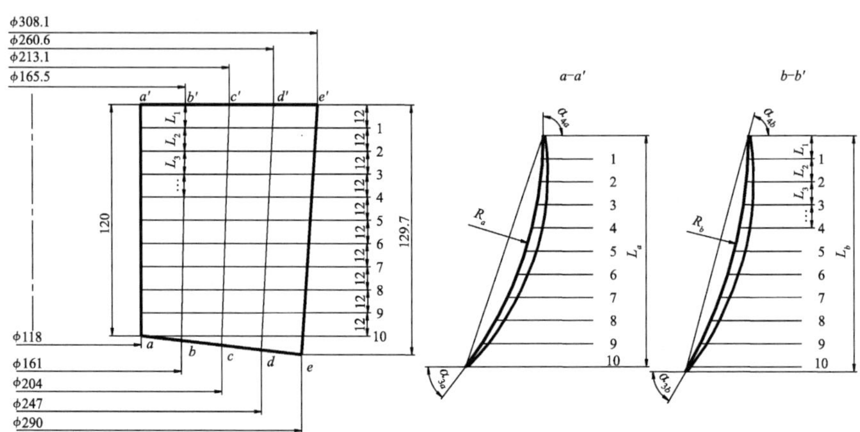

图 4-14　导叶轴面图和翼型展开图

⑤ 作平面图(木模截线)：根据轴面图流面各点的半径和展开图的型线可作出平面图中的木模截线(见图 4-15)。为此在平面图上画出相应流面各点半径的圆弧，确定进口边的位置。通常进口边在同一轴面上(平面图的同一射线上)，也可以不在同一轴面上，但是应当使进口边处的轴面截线和轴面流线大致互相垂直。确定进口边之后作各木模截线，

如果计算流面为圆柱面，则作法是在展开图上某一截面到进口端的水平距离等于相应截面平面图圆弧上离进口边圆弧长度。各截面的同名木模截面点相连，得工作面和背面的木模截线。如果计算流面是锥面，其作图方法和空间导叶完全相同，即一般采用扭曲三角形法绘型。每个型线（工作面）都从进口边作起，一直作到出口边。作图的方法是在展开图上，以水平线与型线的交点为顶点，作出小直角三角形，小三角形的水平长度为 Δu。根据此 Δu 和平面图中的 Δu 不变，此 Δu 对应的轴面图中的半径 R 转到平面图中相等，即 Δu 不变，R 相等的原理，可以作出平面图中的木模截线。具体作法是以 R_1 画圆弧，在圆弧上截取 Δu_1，过截点作射线，再作 R_2 圆弧，再在圆弧上截取 Δu_2，…，这样一直作到出口边，所对应点的连线为木模截线，此截线可以是直线或光滑曲线。

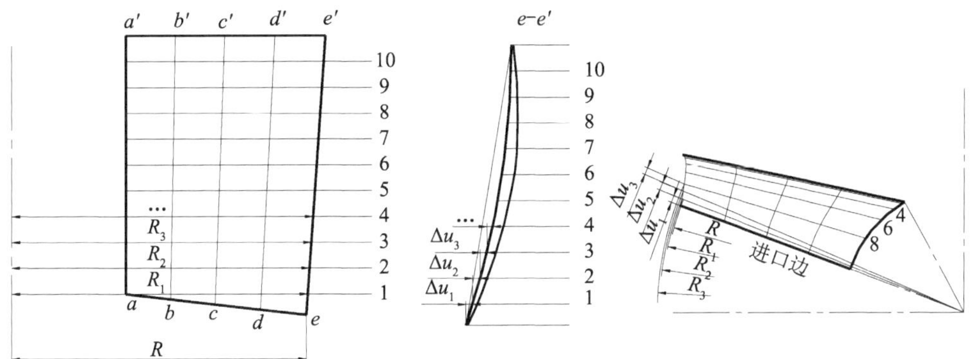

图 4-15　导叶平面图

⑥ 旋转方向的判定：导叶从进口看见的是背面（凸面），从出口看见的是工作面（凹面）；另外，水流从进口流向出口，水流的旋转方向和叶片的旋转方向一致。由此，根据裁剪图可以判定泵的转向。例如，设计图例中画出凹面木模截线，是从出口方向看的，水从进口到出口顺时针方向流动，这就表明从出口方向看叶轮顺时针方向旋转。

由上述步骤可作得如图 4-16 所示的导叶三维图。

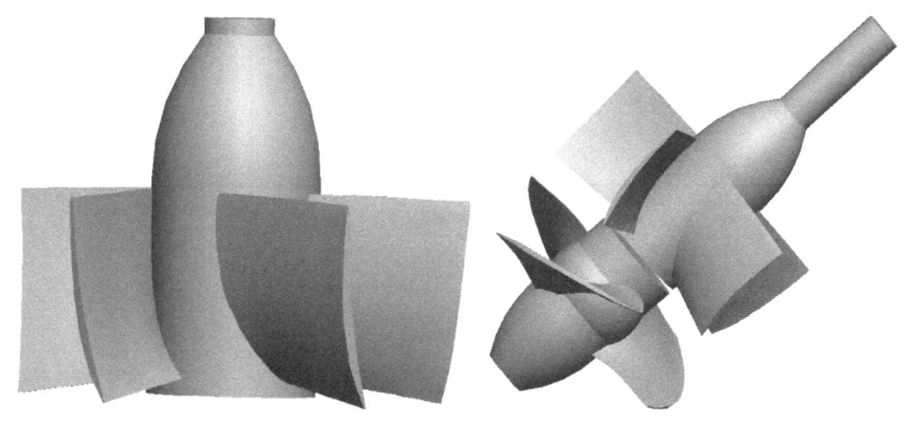

图 4-16　导叶三维图

4.6.4 导叶设计例题

以比转速 1000 为例，导叶设计参数见表 4-5。导叶绘型图例见图 4-17。

表 4-5 比转速 1000 的导叶设计参数

比转速 1000							
给定初始参数		$Q/(\mathrm{L}\cdot\mathrm{s}^{-1})$	H/m	$n/(\mathrm{r}\cdot\mathrm{min}^{-1})$	$d_{\mathrm{h}}/\mathrm{mm}$	Z	D/mm
		350	4.58	1450	118	5	290
项目	参数及公式	单位	a	b	c	d	e
断面	D_3（进口）	mm	118	161	204	247	290
v_{m3}	$v_{m3}=\dfrac{4Q}{\pi(D^2-d_{\mathrm{h}}^2)}$	m/s	6.35				
ψ_3	假定 $\psi_3=1-\dfrac{Zs_{u3}}{\pi D_3}$		0.89	0.93	0.95	0.96	0.97
v'_{m3}	$v'_{m3}=v_{m3}/\psi_3$	m/s	7.13	6.83	6.68	6.61	6.55
u	$u=\dfrac{\pi n D_3}{60}$	m/s	8.96	12.22	15.49	18.75	22.02
v_{u2}	$v_{u2}=\dfrac{gH}{u\eta_{\mathrm{h}}}(\eta_{\mathrm{h}}=0.88)$	m/s	5.70	4.18	3.30	2.72	2.32
α'_3	$\alpha'_3=\arctan\dfrac{v'_{m3}}{v_{u2}}$	(°)	51.38	58.54	63.75	67.63	70.49
冲角	$\Delta\alpha$	(°)	0.5	0.5	0.5	0.5	0.5
α_3	$\alpha_3=\alpha'_3+\Delta\alpha$	(°)	51.88	59.04	64.25	68.13	70.99
α_4	给定 α_4	(°)	90.00	90.00	90.00	90.00	90.00
α_{L}	$\alpha_{\mathrm{L}}=(\alpha_4+\alpha_3)/2$	(°)	70.94	74.52	77.12	79.06	80.50
H	由展开图测量得	mm	120.00	122.50	125.00	127.50	130.00
l	$l=H/\sin\alpha_{\mathrm{L}}$	mm	126.99	127.13	128.24	129.88	131.82
R	$R==\dfrac{l}{2\sin\dfrac{\alpha_4-\alpha_3}{2}}$	mm	194.54	238.31	287.90	342.46	399.44

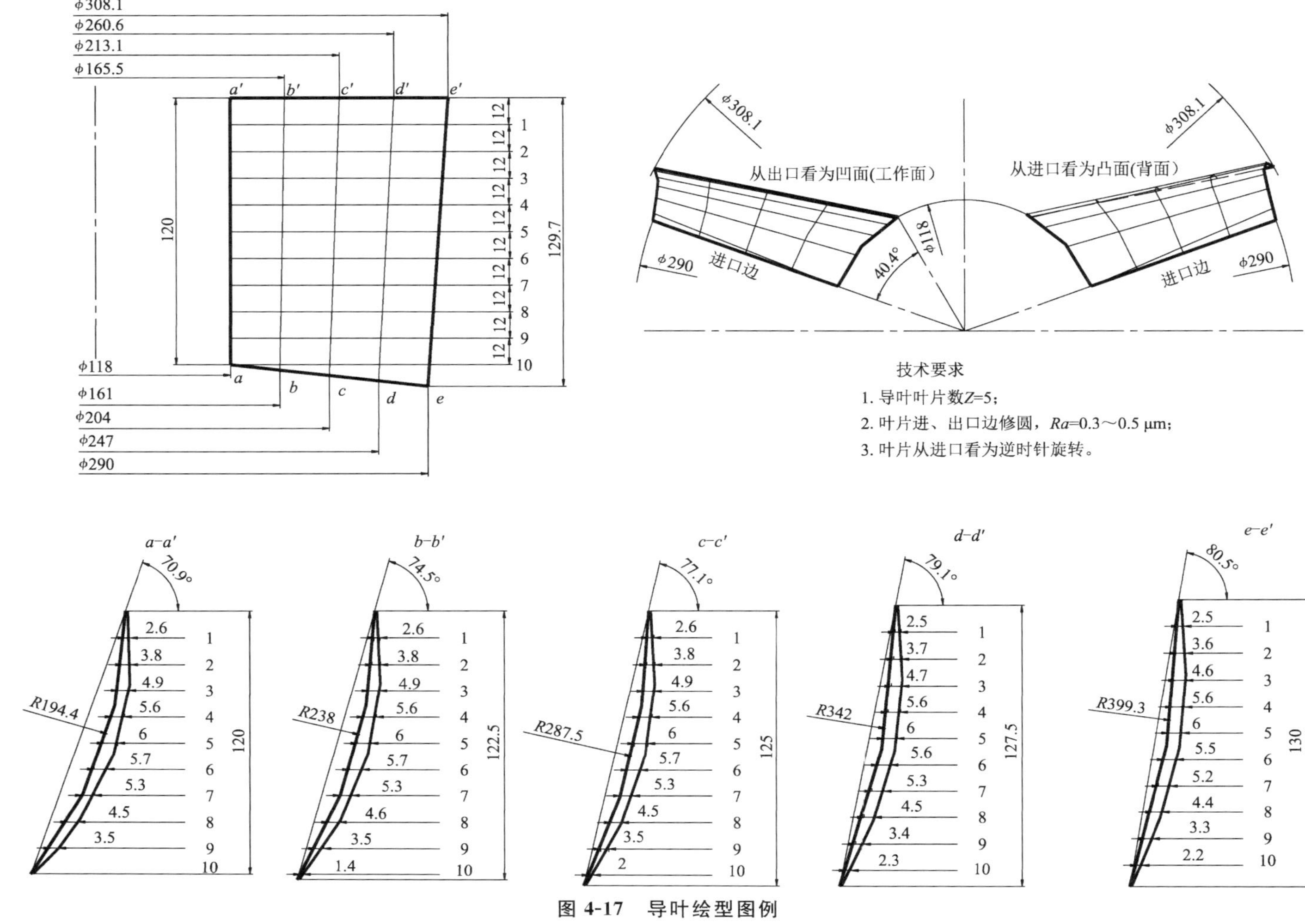

ϕ308.1
ϕ260.6
ϕ213.1
ϕ165.5
a′ b′ c′ d′ e′
120
129.7
ϕ118
ϕ161
ϕ204
ϕ247
ϕ290
a b c d e
ϕ308.1
ϕ308.1
从出口看为凹面(工作面)
从进口看为凸面(背面)
ϕ118
40.4°
ϕ290
进口边
进口边
ϕ290
技术要求
1. 导叶叶片数Z=5;
2. 叶片进、出口边修圆，Ra=0.3～0.5 μm;
3. 叶片从进口看为逆时针旋转。
a-a′
70.9°
R194.4
2.6 3.8 4.9 5.6 6 5.7 5.3 4.5 3.5
120
b-b′
74.5°
R238
2.6 3.8 4.9 5.6 6 5.7 5.3 4.6 3.5 1.4
122.5
c-c′
77.1°
R287.5
2.6 3.8 4.9 5.6 6 5.7 5.3 4.5 3.5 2
125
d-d′
79.1°
R342
2.5 3.7 4.7 5.6 6 5.6 5.3 4.5 3.4 2.3
127.5
e-e′
80.5°
R399.3
2.5 3.6 4.6 5.6 6 5.5 5.2 4.4 3.3 2.2
130

图 4-17　导叶绘型图例

4.7 轴流泵轴向力

如果考虑转子的重量(立式泵)G,则总的轴向力为

$$P=P_z+P_{zh}+G$$

式中,P_z 是作用在叶片上的轴向力。

$$P_z=\pi R^2\rho gH_t\left[1-\left(\frac{R_h}{R}\right)^2-\frac{gH_t}{R^2\overline{\omega}^2}\ln\frac{R}{R_h}\right]$$

式中,R 为叶轮半径;R_h 为轮毂半径。

引入轮毂比 $\overline{d}=\dfrac{R_h}{R}$,则有

$$P_z=\pi R^2\rho gH_t\left(1-\overline{d}^2-\frac{gH_t}{R^2\overline{\omega}^2}\ln\frac{1}{\overline{d}}\right)$$

轮毂上的液体作用亦产生轴向力。设轮毂半径为 R_h、轮毂密封处(或轴径)半径为 R_m,则这部分轴向力为

$$P_{zh}=\pi\rho gH_t(R_h^2-R_m^2)$$

叶轮上的轴向力(P_z+P_{zh})也可用下式近似计算:

$$P_z+P_{zh}=\pi\rho gH(R^2-R_m^2)$$

式中,H 为泵最高工作扬程;R 为叶片外缘半径。

4.8 轴流泵径向力

轴流叶轮上的径向力为

$$P_R=k_{H,D}(\rho gHD_2^2)$$

式中,H 为泵最高工作扬程;$k_{H,D}$ 为径向力系数,取 0.02。

第5章

多级井用潜水泵

5.1 概述

井用潜水泵(简称“井泵”)是抽取地下水的主要设备,广泛应用于农田灌溉。由于井内径越小,打井费用越低,所以井用潜水泵是一种对泵体外径有限制的细长型的多级离心泵。目前国内生产的井用潜水泵多数是按照国家标准《井用潜水泵》(GB/T 2816—2014)规定的性能参数要求设计制造的,该标准虽然取消了对单级扬程的规定,但性能规格基本没有变化,导致国内生产的井用潜水泵单级扬程仍然普遍很低,与国外同类产品相比,耗材多、成本高,市场竞争力低。

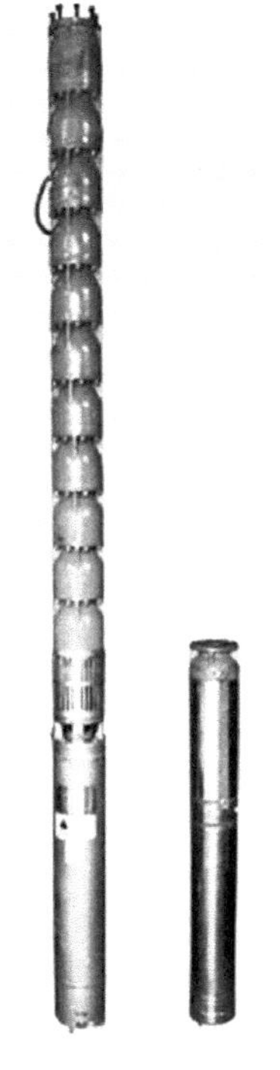

图 5-1 井径、流量、扬程相同的新型、传统井泵的对比

2004 年以来,江苏大学流体机械工程技术研究中心分别与多家企业合作,进行了井用潜水泵的相关研究和开发,提出了拥有自主知识产权的新型井用潜水泵叶轮极大直径设计法,使井用潜水泵的单级扬程大大提高,不仅高于国内的同类井用潜水泵,而且高于国外的同类井用潜水泵。同时,采用三维曲面反导叶设计法和减小叶轮后盖板直径平衡叶轮轴向力等创新技术,大大降低了新型井泵的材料消耗,也保证了新型井泵的节能要求。因此,新型井用潜水泵是一种低成本、低能耗的井用潜水泵。

图 5-1 所示是同为井径 150 mm、流量 20 m^3/h、扬程 65 m 的新型井用潜水泵 150XQJ20-65 与国内生产的 150QJ20-65/10 型传统井用潜水泵对比图,其中左侧为国

内老产品，右侧为新型井泵。表 5-1 是这两种泵同台实测的参数比较。

表 5-1　井径、流量、扬程相同的新型、传统井泵的参数对比

参数	150XQJ20-65	150QJ20-65/10
流量 $Q/(m^3 \cdot h^{-1})$	20	20
水泵扬程 H/m	65	65
单级扬程 H_i/m	10.85	6.5
水泵效率 $\eta_p/\%$	67.9	≤64
泵轴功率 P_Z/kW	5.2	6
配套功率 $P_{配套}/kW$	5.5	7.5
泵体外径/mm	127	127
泵体长度/m	0.96	2.42
机泵总质量/kg	41.2	167.5

图 5-2 所示是同为井径 100 mm、流量 8 m^3/h、9 级叶轮的新型井用潜水泵 100XQJ8-43/9 与国际品牌 4SP8A-9 型井用潜水泵对比图，其中左侧为新型井泵 100XQJ8-43/9，右侧为国际品牌 4SP8A-9 型井泵。表 5-2 是这两种泵同台实测的参数比较。

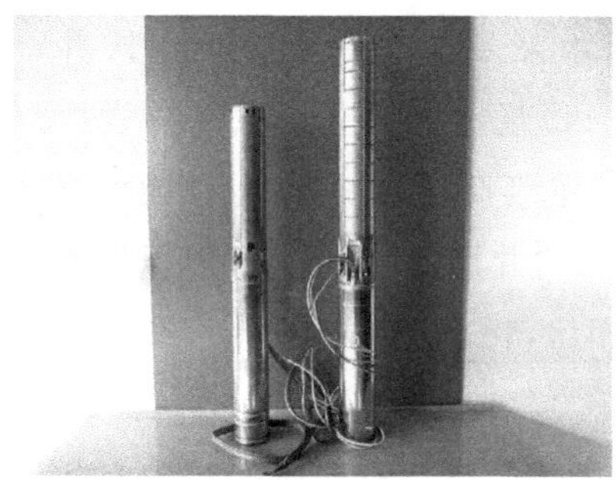

图 5-2　井径、流量、级数相同的国内外井泵对比

表 5-2　井径、流量、级数相同的国内外井泵的参数对比

参数	100XQJ8-43/9	4SP8A-9
流量 $Q/(m^3 \cdot h^{-1})$	8	8
水泵扬程 H/m	43	36
单级扬程 H_i/m	4.8	4
水泵效率 $\eta_p/\%$	61.3	60
泵体外径/mm	87	87
泵体长度/m	0.825	0.985

由表 5-1、表 5-2 可见，新型井用潜水泵在同一井径下，具有更高的扬程和效率，且泵体长度有非常明显的缩短。

5.2　新型井用潜水泵理论与设计

新型井用潜水泵的设计理论建立在两项技术创新之上。一项技术创新是井泵叶轮极大直径设计法和三维曲面反导叶设计法；另一项技术创新是减小叶轮后盖板直径平衡叶轮轴向力。新型井用潜水泵的设计方法就是在这两项技术创新的基础上形成的。图 5-3 是实施了这两项技术创新的新型井用潜水泵示意图。

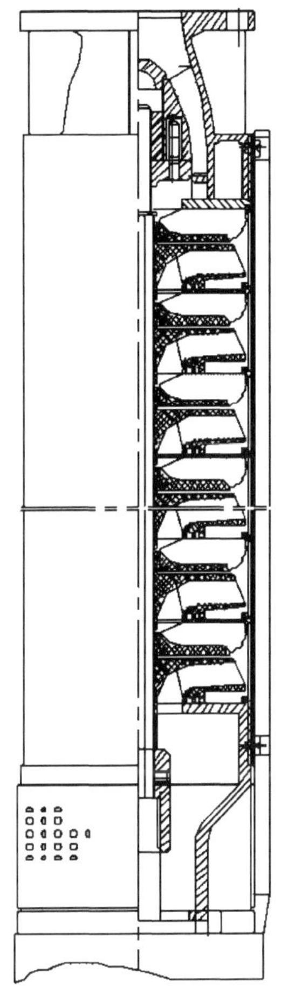

图 5-3　新型井泵示意图

5.2.1　井泵叶轮极大直径设计法

如图 5-3 所示，新型井用潜水泵的叶轮前盖板直径接近泵体内壁直径，叶轮直径已经大到极限，这就是井泵叶轮极大直径设计法的名称由来。下面是井泵叶轮极大直径设计法的设计要点和理论分析。

① 叶轮前盖板直径约等于泵体内壁直径，在有限的泵体直径条件下，使叶轮直径达到极大值，从而提高井泵的单级扬程。

在一般的水泵设计中，叶轮直径是根据水泵性能要求进行计算得到的，但新型井用潜水泵的性能只规定额定流量（即规定效率指标的额定工况下的流量），不规定单级扬程的额定值，并希望单级扬程尽可能高一些。虽然在叶轮的结构参数中，叶轮直径 D_2、出口宽度 b_2 和出口安放角 β_2 都对单级扬程有明显影响，但对扬程影响最大的是 D_2，而且加大 b_2 和 β_2 都会加大井泵在低扬程、大流量工况下的功率，有可能导致泵超载运行而烧坏电机，因此采用叶轮极大直径是获得极大扬程的最好方法。

从图 5-3 中可以看出，叶轮前盖板直径约等于泵体内壁直径，液流离开叶轮进入泵腔时，液流方向可能会发生急剧的 90°变化，会与泵壁发生很大的冲击损失。实际上，液流离开叶轮时，其轴面速度是很小的，而圆周速度是很大的，流速矢量在圆周方向的液流角一般在 5°左右，所以液流与泵壁的冲击角也在 5°左右，不会增加水力损失。

以往设计的井泵，叶轮出口到泵壁之间有一个较大的环形空间，而新型井泵的叶轮出口到泵壁之间的环形空间很小，液流在环形空间内的流速要比以往的流速高一些，这样是否会增加水力损失呢？事实上，液流离开叶轮进入环形空间时的流速是很高的，一般都比环形空间内的液流流速高得多，适当增加环形空间内的液流流速（不高于液流离开叶轮时的流速）可以减小液流速度的变化率，从而减少水力损失。

② 叶轮后盖板直径约等于导叶的下盖板直径和叶轮前盖板直径的中间值，可通过优化水泵效率的数值模拟，筛选最高效率的叶轮后盖板直径。

在新型井泵中，叶轮后盖板直径如果大到接近叶轮前盖板直径，显然是不行的，因为叶轮出口会被泵壁堵住，但如果叶轮后盖板直径太小，水泵效率又会降低。在以往的井泵设计中，叶轮后盖板直径都小于导叶的下盖板直径，而新型井泵的叶轮后盖板直径大于导叶的下盖板直径，因此有利于单级扬程的提高。叶轮后盖板直径小于叶轮前盖板直径还有减小轴向力的作用。

③ 叶轮后盖板外壁垂直于泵轴，这是为了缩短泵的轴向长度，降低制造成本。

在以往的井泵中，叶轮后盖板从进口到出口一般是倾斜向上的。研究证明，叶轮后盖板倾斜与否对性能的影响微乎其微。因此，在新型井泵中，低比转速泵的叶轮后盖板不倾斜，高比转速泵的叶轮后盖板在流道内可以稍微倾斜，但叶轮后盖板外壁垂直于泵轴。在这种情况下，叶轮后盖板的出口部分会很薄，这对水泵性能有利无害，对叶轮的机械强度也不影响。

④ 叶轮进口采用端面密封，叶轮轴孔与泵轴采用滑动配合，使叶轮工作时的泄漏损失最小，提高井泵的容积效率，同时叶轮进口直径也要小一些。

由于新型井泵的叶轮轴向力很小，所以叶轮进口采用端面密封是可行的。同时，在新型井泵中还采用了每级叶轮有两个推力轴承副的专利技术，使叶轮进口的端面密封的寿命大大延长。每级叶轮有两个推力轴承副的专利实施在图 5-3 中表达得很清楚。端面密封即推力轴承的两个摩擦副的材料以耐磨橡胶对不锈钢为好，在比压很小的情况下，采用工程塑料对不锈钢也是可以的。不过，各种材料的摩擦副在各种比压下及各种含沙量下的使用寿命还需要做进一步研究。

由于井泵的首级叶轮在水面以下，所以不容易发生汽蚀，一般叶轮进口直径都比较小。在新型井泵中，要求更小一些的进口直径，其进口系数 K_0 取 3.5 为宜，这样可以进一步减小叶轮轴向力，延长端面密封的寿命和提高井泵效率。

⑤ 叶轮前盖板以泵轴为中心呈锥面，使液流在叶轮出口有向上运动的趋势，这有利于提高井泵效率。叶轮前盖板呈锥面形状，使叶轮流道的轴面宽度从进口到出口逐步减小，这可以为收缩流道的设计提供有利条件，至少可以减小流道的扩散程度，也可以提高井泵效率。

⑥ 叶轮叶片的出口宽度 b_2 对水泵的性能影响很大，适当加大 b_2 不仅可以提高泵的单级扬程，还可以提高井泵效率。可通过优化水泵效率的数值模拟，筛选最高效率的叶轮叶片 b_2 值。

⑦ 叶轮叶片进口边向进口延伸，使叶片的后盖板流线更长一些，这样可以防止叶轮出口发生二次回流，有利于提高泵的单级扬程和井泵效率。

由于新型井泵的叶轮后盖板直径小于叶轮前盖板直径，所以在叶轮出口的后盖板压力会低于前盖板压力，如果叶轮后盖板出口处的压力太低，就有可能发生二次回流，即从叶轮流出去的液体再回到叶轮内。而把叶轮叶片进口边向进口延伸，使叶片的后盖板流线更长一些，则可以提高叶轮后盖板出口处的压力，防止叶轮出口发生二次回流。同时，叶轮叶片进口边向进口延伸，还可以减小叶片进口边的液流冲击损失，提高井泵效率。

⑧ 叶片出口安放角通过计算确定，使井泵具有无过载特性。

井用潜水泵的安装深度一般都在动水位 5 m 以下，其在静水位以下有可能超过 20 m，这就使井泵经常工作在低扬程、大流量工况，如果不是无过载泵，就有可能在大流量工况下发生超载而烧坏潜水电机，所以将低比转速井泵设计成无过载泵是必要的。

袁寿其提出的离心泵最大轴功率的计算公式为

$$P_{\max}=\frac{\rho u_2^3\pi D_2 b_2\psi_2\sigma^2\tan\beta_2}{4\times 1000\eta_m}(\mathrm{kW}) \tag{5-1}$$

式中，ρ 为液体密度，kg/m^3；u_2 为叶轮出口圆周速度，m/s；D_2 为叶轮外径，m；b_2 为叶片出口宽度，m；ψ_2 为叶轮出口叶片排挤系数；σ 为斯托道拉滑移系数；β_2 为叶片出口安放角，(°)；η_m 为机械效率，%。

诸多因素中，尤以叶片出口安放角最为重要，适当控制叶片出口安放角的大小可以使最大轴功率在额定流量工况点附近，从而减小配套电机功率，达到节能节材的有益效果。

在以上设计理论指导下设计的新型井泵叶轮如图 5-4 所示。

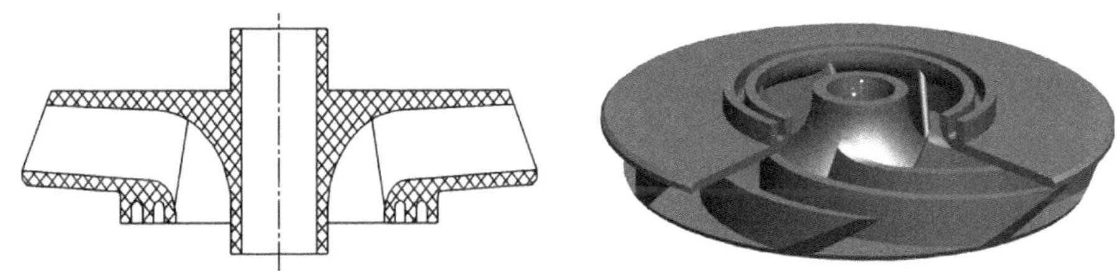

图 5-4　新型井泵的叶轮

5.2.2　导流壳的三维曲面反导叶设计法

从图 5-1 中可以看到，新型井泵的轴向长度比传统井泵的短得多，这不仅是因为采用叶轮极大直径设计法提高了单级扬程、减少了井泵级数，还因为在新型井泵中采用三维曲面反导叶导流壳代替了传统井泵的空间导叶导流壳。反导叶导流壳的轴向长度很短，且制造比空间导叶导流壳容易，所以耗材少、成本低。虽然传统井泵中也有应用反导叶的，但传统井泵的反导叶都是圆柱形叶片，其水力损失比三维曲面反导叶大。新型井泵采用进口边扭曲的三维曲面反导叶，既降低了反导叶的水力损失，又不影响铸造工艺性。反导叶导流壳基本结构形式如图 5-5 所示。

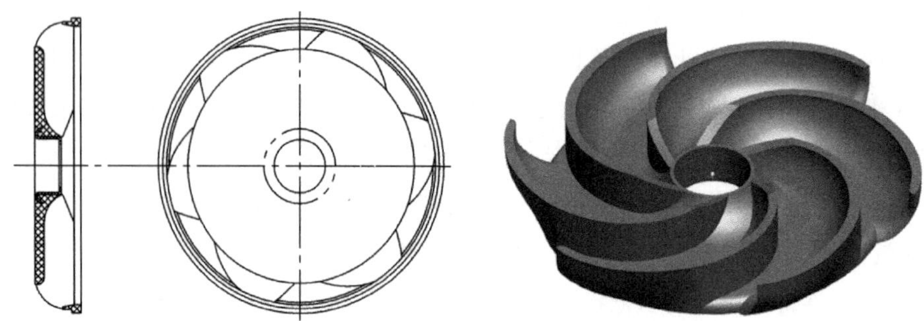

图 5-5　新型井泵的三维曲面反导叶导流壳

新型井泵导流壳的三维曲面反导叶设计法的设计要点和理论分析如下：

① 导叶进口部分(导流壳下盖板以外部分)是三维曲面的，其叶片进口安放角按照三条流线分别计算出来的液流角合理取值。

液流在导流壳内的能量损失，主要是导叶进口边的液流冲击损失，所以导叶进口边的进口安放角设计十分重要，以进口安放角等于或略大于设计工况的进口液流角为宜，即进口冲角以 0°～5°为宜。目前的三维曲面空间导叶可以达到这个设计目标，新型井泵的三维曲面反导叶也可以达到这个设计目标，而圆柱形叶片的反导叶就很难做到，所以三维曲面反导叶导流壳的效率和三维曲面空间导叶导流壳的效率相对比较高，而圆柱形叶片的反导叶就很难达到高效率。

② 导叶出口部分设计成圆柱形，这样可以减小导叶片的出口排挤系数，降低出口流速，从而提高井泵效率。

导叶出口安放角要尽可能大一些，以便减小液流的圆周速度分量，但并不是 90°最好，而是以流道面积逐渐增大，流道内的流速逐渐减小为好。当导叶出口安放角小于 90°时，在导叶出口和叶轮进口的液流速度有圆周分量，因此叶轮的叶片进口安放角要相应加大，这对叶轮的设计和井泵效率的提高是有利的。

③ 导流壳下盖板以内部分的叶片，其凸面是圆柱形二维曲面，但凹面是三维曲面，并且与导叶进口曲面和导叶出口圆柱面光滑连接。

导流壳下盖板以内部分的叶片要求凸面为圆柱形二维曲面，是因为便于起模的工艺要求，将导叶进口曲面和导叶出口圆柱面光滑连接有利提高井泵效率。

以上三个设计要点中的关键是第一条，这是新型反导叶导流壳与以往的反导叶导流壳的主要区别，也是新型反导叶导流壳降低其水力损失的主要措施。其中，叶片进口流线的液流角计算还需要进一步研究，因为原先的计算准则即速度矩保持性定理($v_u R=$常数)在新型井泵中是不适用的。

5.2.3　新型井用潜水泵轴向力的计算及平衡

1. 轴向力的计算

在离心泵设计、运行中，轴向力是必须考虑的重要因素，特别是在多级泵和深井泵中，作用于叶轮上的总轴向力可高达几十万牛，直接影响泵运行的可靠性。虽然一般的多级泵都会安装平衡装置，但由于轴向力计算不准确，在运行过程中还是会出现轴向力过大导致机组损坏的事故。因此，轴向力的计算能否真实地反映出机组在运行过程中流体作用在转子上的实际轴向力，将直接影响机组的安全可靠性。

传统的轴向力计算公式很多，其计算结果相差较大，且这些公式都是在特定形状和结构下试验总结出来的，不具有普遍性。因此，传统的轴向力计算公式不能准确地计算离心泵轴向力的大小。

随着 CFD 技术在流体机械中的应用逐渐走向成熟，基于 CFD 的水泵性能预测及优化设计已基本达到工程实用的程度。通过对离心泵内部流场进行数值模拟、理论分析以及试验测量结果的对比发现，在额定流量下，数值模拟结果和试验测量结果之间的误差较小。数值模拟可以针对各种结构的离心泵进行计算，相较于经验公式能够更准确地预测轴向力的大小，可以将其作为准确预测轴向力的有效方法。

传统的轴向力公式只计算叶轮外表面的轴向力而不计算叶轮内表面的轴向力，把叶轮内部的轴向力视为内力，并认为内力的合力为零，这在理论上是对的，但在理解、分析上有困难。相比之下，将叶轮内、外表面上全部受力的轴向分量总和作为叶轮受到的轴向力，在理解和分析上更容易一些。因此，在新型井泵的叶轮轴向力数值模拟中，将叶轮的内、外表面划分为以下几个部分进行计算分析：

① 叶轮前盖板外表面所受轴向力 $\boldsymbol{F}_1$（不含叶轮进口口环），单位为 N；

② 叶轮后盖板外表面所受轴向力 $\boldsymbol{F}_2$（含叶轮轮毂），单位为 N；

③ 叶轮进口口环外径到内径这一环形区域所受轴向力 $\boldsymbol{F}_3$，单位为 N；

④ 叶轮流道内，前后盖板表面所受轴向力 $\boldsymbol{F}_4$（含叶轮轮毂），单位为 N；

⑤ 叶轮流道内，叶片表面所受轴向力 $\boldsymbol{F}_5$，单位为 N；

⑥ 叶片出口边斜切部分所受轴向力 $\boldsymbol{F}_6$，单位为 N。

叶轮所受的轴向力为上述各项分力的矢量和，即

$$\boldsymbol{F}=\boldsymbol{F}_1+\boldsymbol{F}_2+\boldsymbol{F}_3+\boldsymbol{F}_4+\boldsymbol{F}_5+\boldsymbol{F}_6 \tag{5-2}$$

利用 Fluent 的 Force Report 工具，设定力的方向为沿轴向方向，就可以得出叶轮各部分的轴向力大小。

图 5-6 所示是新型井泵的叶轮内、外表面受力分布示意图，其中 $\boldsymbol{F}_1$、$\boldsymbol{F}_2$ 为传统分类中的盖板力，并认为这是轴向力的主要组成部分。盖板力主要是叶轮出口的静压力，一般假设叶轮盖板外侧的液体以盖板角速度的一半做旋转运动来修正盖板轴向力。但盖板力还受泄漏量的影响，这已经通过数值模拟得到了验证，虽然传统计算公式中的修正系数是在有泄漏的水泵中实测得到的，但由于泄漏量的不确定，盖板力的计算不准确。而数值模拟可以较准确地模拟计算盖板上的轴向力。

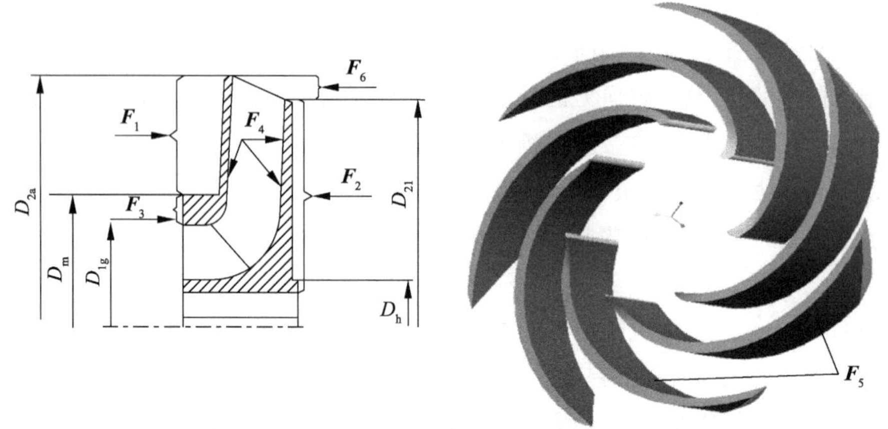

图 5-6　新型井泵的叶轮内、外表面受力分布示意图

叶轮前盖板上 $D_m \sim D_{1a}$ 这一端面密封作用的环形区域所受力的积分可以参考机械密封的密封端面的受力来求解，计算公式如下：

$$F_3 = 2\pi \int_{R_{1a}}^{R_m} R \left[P_{1a} + \frac{(P_m - P_{1a})(R - R_{1a})}{(R_m - R_{1a})} \right] \mathrm{d}R \tag{5-3}$$

式中，R 为 $D_m \sim D_{1a}$ 这一环形区域内任意处的半径；P_m、P_{1a} 分别为以 D_m、D_{1a} 为直径的圆周上所对应的压力，均可通过数值模拟读取。

式(5-3)简化后得

$$F_3 = \pi P_{1a}(R_m^2 - R_{1a}^2) + 2\pi(P_m - P_{1a})\left(\frac{1}{3}R_m^3 - 0.5R_m^2 R_{1a} + \frac{1}{6}R_{1a}^3\right)/(R_m - R_{1a}) \tag{5-4}$$

从叶轮的进口到出口，液体在叶轮内的流动受到叶片影响，叶轮流道内表面各点的压力是不相等的，即使在叶轮流道内的同一直径上，从前盖板到后盖板静压力也是变化的，这种压力差就产生了轴向力 $\boldsymbol{F}_4$。由于内部流场的复杂性，这部分轴向力很难用代数积分的方法计算出来，但通过数值模拟却可以较方便而准确地获得。

叶片工作面的压力大于背面的压力，它们的压力差的轴向分量又构成了轴向力 $\boldsymbol{F}_5$。这部分力主要是在扭曲叶片上产生的，圆柱形叶片上无此分量，但因为叶片的进口边是斜面，所以也能够产生微小的轴向力。

新型井泵由于出口边斜切，所以出口边上的静压力也有轴向分力，因此产生了轴向力 $\boldsymbol{F}_6$。

数值模拟结果在轴向力测试装置上已经得到了验证，多次对不同模型在额定流量点的试验测量结果与数值模拟结果的对比都显示吻合性较好，如图 5-7 所示。

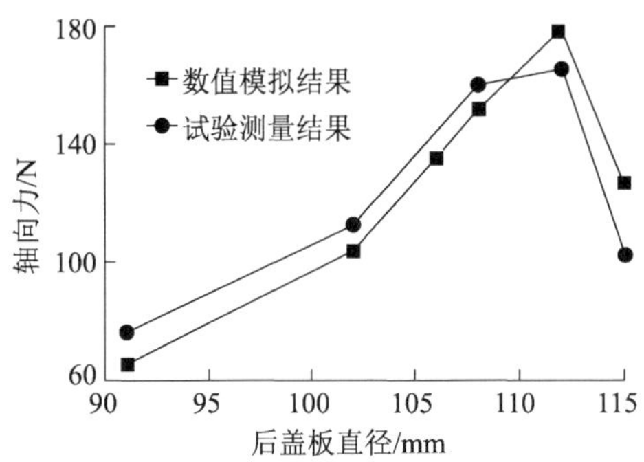

图 5-7　叶轮后盖板直径对轴向力的影响

2. 轴向力的平衡

目前国内外常用的平衡轴向力的方法有设置止推轴承、开设平衡孔或平衡管、叶轮对称布置、采用背(副)叶片、使用平衡盘和平衡鼓等,但这些平衡措施的运用均以降低水泵效率或者增加生产成本为代价。新型井泵中通过减小叶轮后盖板直径来减小叶轮所受的轴向力,既没有增加生产成本,也没有降低水泵效率。

本书针对 150XQJ20-65 型新型井泵进行讨论。在新型井泵中叶轮前盖板直径扩大到泵体内壁边缘,达到极大值,而叶轮后盖板直径比前盖板直径小得多,因为盖板力是轴向力的主要组成部分,所以后盖板面积减小必然导致轴向力减小,即轴向力随着后盖板直径的减小而减小,如图 5-7 中后盖板直径小于 112 mm 时所示。通过数值模拟发现,在后盖板直径大于 113 mm 时,轴向力随着后盖板直径的增大而减小,这是因为叶轮前盖板直径接近泵体内壁直径,如果后盖板直径也接近泵体内壁直径,那么额定流量下的水泵扬程一定会急剧降低,从而导致叶轮轴向力减小。

后盖板直径需要综合考虑效率及轴向力来选定,经数值模拟和试验验证,在后盖板直径减小的过程中效率是先增大后减小的,如图 5-8 所示,这就需要运用优选法配合数值模拟将这个效率最优点选取出来。

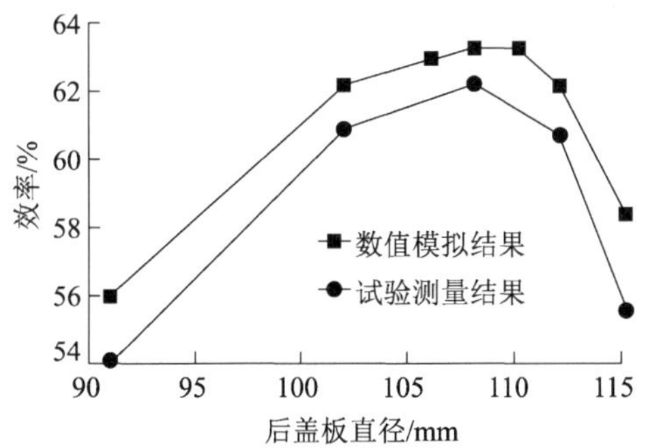

图 5-8　叶轮后盖板直径对水泵效率的影响

在综合考虑叶轮后盖板直径对水泵效率和轴向力的影响后,得出这个叶轮的后盖板直径应该取 106 mm。从图 5-7 和图 5-8 中可以看到,数值模拟计算的叶轮轴向力和水泵效率与实测值都比较接近，因此在实践中可以用数值模拟来优选叶轮后盖板直径。

切除叶轮后盖板可以将轴向力平衡掉一部分，剩余的轴向力需要通过改变密封端面的宽度来平衡。图 5-9 所示为通过数值模拟得到的轴向力与密封端面宽度之间的关系，减小密封端面的宽度，轴向力是直线下降的，但是密封端面的比压会随着密封端面宽度的减小而增大，如图 5-10 所示，尤其是在密封端面宽度很小时，由于接触面积十分小，端面比压就会相当大，在接近零流量时，轴向力非常大，从而产生很大的磨损。所以应该加大密封端面的宽度，这样虽然轴向力加大了，但是端面比压会下降，摩擦磨损必然会减小，也就达到了最初要减小轴向力和减轻磨损的目的。同时，由于密封端面宽度的加大，泄漏量减小，容积效率提高，总效率也随之提高。

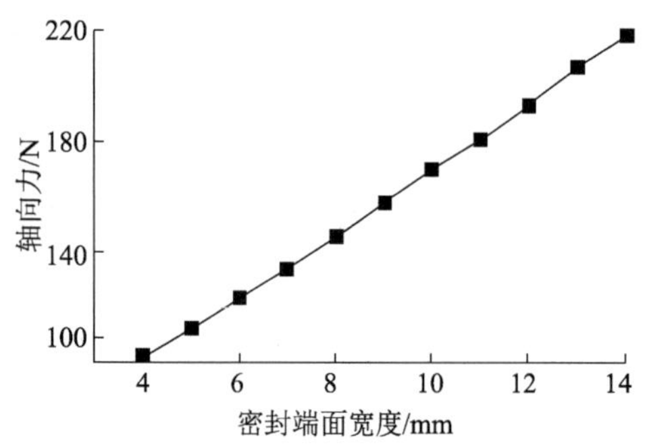

图 5-9　轴向力与密封端面宽度之间的关系

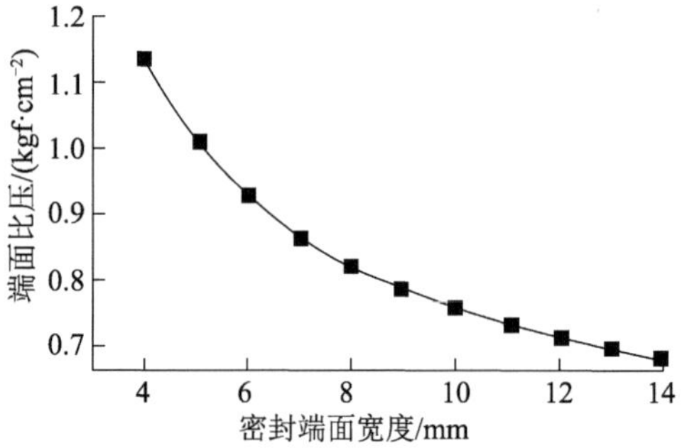

图 5-10　端面比压与密封端面宽度之间的关系

如图 5-10 所示，在密封端面宽度为 14 mm 时，其端面比压小于 0.7 kgf/cm^2（1 kgf/cm^2＝9.80665 N/cm^2），在这个比压工况下工作，工程塑料对不锈钢的摩擦寿命也会比较长。需要说明的是，当密封端面宽度为 14 mm 时，其端面比压小于 0.7 kgf/cm^2，这是对特定的井泵进行数值模拟计算得出来的，不能运用到所有井泵中，但增大密封端面宽度可以减小比压是普遍规律。

5.3　新型井用潜水泵的设计实例及型谱

5.3.1　新型井用潜水泵设计实例

以 150XQJ20-65 型新型井用潜水泵的设计为例，其设计过程如下。

1. 设计参数

① 额定流量：$Q=20\ m^3/h$。

② 额定扬程：$H=65\ m$。

③ 额定转速：$n=2850\ r/min$。

④ 介质：常温清水，重度 $\gamma=\rho g=9800\ N/m^3$。

⑤ 导流壳最大内径：ϕ121 mm。

⑥ 国家标准水泵效率：$\eta=64\%$。

⑦ 设计水泵效率：$\eta=67\%$。

⑧ 设计工况水泵轴功率：5.3 kW。

⑨ 预计最大轴功率：≤6.4 kW。

⑩ 水泵配套功率：7.5 kW。

2. 叶轮的设计计算

叶轮的设计计算见表 5-3。

表 5-3　150XQJ20-65 型井泵叶轮的设计计算

步骤	参数	前盖板 a 流线	中间 b 流线	后盖板 c 流线	备注
1. 确定叶轮型式	流量 Q /($m^3 \cdot h^{-1}$)	20	20	20	设计要求
	水泵额定扬程 H/m	65	65	65	设计要求
	水泵单级扬程 H_i/m	11	11	11	根据设计要求适当调整
	转速 n/($r \cdot min^{-1}$)	2850	2850	2850	根据设计要求适当选择
	比转速	128.37	128.37	128.37	$\frac{3.65n\sqrt{Q}}{60H_i^{0.75}}$
2. 估算泵效率	水力效率统计规律 η_h	0.841	0.841	0.841	$1+0.0835\times\lg\sqrt[3]{\frac{Q}{n}}$
	水力效率估算值 η_h	0.78	0.78	0.78	根据计算值和经验估算
	容积效率统计规律 η_v	0.974	0.974	0.974	$\frac{1}{1+0.68n_s^{-2/3}}$
	容积效率估算值 η_v	0.96	0.96	0.96	根据计算值和经验估算
	圆盘损失统计效率 η_{m1}	0.948	0.948	0.948	$1-0.07\frac{1}{(n_s/100)^{7/6}}$
	机械效率估算值 η_m	0.90	0.90	0.90	根据计算值和经验估算
	水泵效率 η_p	0.674	0.674	0.674	$\eta_h\eta_v\eta_m$
	国家标准规定值 η_p	0.640	0.640	0.640	井用潜水泵标准 GB/T 2816—2014，150QJ20
3. 计算泵轴和轮毂参数	额定工况轴功率 P/kW	5.3	5.3	5.3	$\frac{QH}{3.6\times102\eta_p}$
	配套最大轴功率 $P_{配套}$/kW	7.5	7.5	7.5	设计要求
	最大扭距 M_n/(N·m)	25.13	25.13	25.13	$\frac{9550P_e}{n}$
	最小轴径/m	0.0141	0.0141	0.0141	$\sqrt[3]{\frac{M_n}{0.2\tau}}$，$\tau$ 为材料的许用切应力

续表

步骤	参数	前盖板 a 流线	中间 b 流线	后盖板 c 流线	备注
3. 计算泵轴和轮毂参数	轴径 d/m	0.0160	0.0160	0.0160	按计算值选择
	轮毂直径 d_h/m	0.0220	0.0220	0.0220	按键槽强度考虑，轮毂小一些好
4. 计算叶轮进口直径 D_j、D_1 及进口液流环量	叶轮进口系数 k_0	3.41	3.41	3.41	按汽蚀与效率的要求考虑
	叶轮进口直径 D_0/m	0.0426	0.0426	0.0426	$k_0\sqrt[3]{\dfrac{Q}{3600n}}$
	叶轮进口直径 D_j 计算值/m	0.0479	0.0479	0.0479	$\sqrt{D_0^2+d_h^2}$
	叶轮进口直径 D_j 取值/m	0.0480	0.0480	0.0480	按计算值选择
	叶片进口直径 D_1/m	0.0480	0.0450	0.0420	根据 D_j 和 d_h 适当选择
	叶片进口线速度 u_1/(m·s^{-1})	7.16	6.72	6.27	$\dfrac{\pi n D_1}{60}$
	叶轮进口圆周流速 v_{u1}/(m·s^{-1})	1.94	1.94	1.94	约等于导流壳出口圆周流速 v_{u6}
	导流壳出口直径/m	0.0480	0.0480	0.0480	等于叶轮进口直径 D_j
	导流壳轮毂直径/m	0.0220	0.0220	0.0220	约等于叶轮轮毂直径 d_h
	导流壳出口轴面流速 v_{m6}/(m·s^{-1})	3.89	3.89	3.89	$\dfrac{4Q}{3600\pi(D_6^2-d_h^2)}$
	导叶出口安放角 β_6/(°)	60.00	60.00	60.00	按结构和经验选择
	导流壳出口圆周流速 v_{u6}/(m·s^{-1})	1.94	1.94	1.94	$v_{m6}\cos\beta_6$
5. 计算叶轮、叶片及进、出口几何参数	叶轮出口直径 D_2/m	0.1190	0.1135	0.1080	用数值模拟做多因素正交试验，优选最高效率的组合
	叶片出口线速度 u_2/(m·s^{-1})	17.76	16.94	16.12	$\dfrac{\pi n D_2}{60}$
	叶轮出口圆周流速 v_{u2}/(m·s^{-1})	10.16	9.43	8.68	$\sigma u_2-\dfrac{v_{m2}}{\tan\beta_2}$
	叶轮出口轴面流速 v_{m2}/(m·s^{-1})	1.48	1.55	1.63	$\dfrac{Q}{3600\eta_v\pi D_2 b_2\psi_2}$
	叶轮出口流速 v_2/(m·s^{-1})	10.27	9.56	8.83	$\sqrt{v_{u2}^2+v_{m2}^2}$
	叶轮出口宽度 b_2/m	0.0120	0.0120	0.0120	用数值模拟做多因素正交试验，优选最高效率的组合

续表

步骤	参数	前盖板 a 流线	中间 b 流线	后盖板 c 流线	备注
5. 计算叶轮叶片及进、出口几何参数	叶片出口安放角 $\beta_2/(°)$	15.00	16.00	17.00	用数值模拟做多因素正交试验，优选最高效率的组合
	叶片数 Z	7	7	7	用数值模拟做多因素正交试验，优选最高效率的组合
	叶片出口厚度 s_2/m	0.0018	0.0018	0.0018	按结构和经验选择
	Stodola 滑移系数 σ	0.8838	0.8763	0.8688	$1-\dfrac{\pi\sin\beta_2}{Z}$
	叶片出口排挤系数 ψ_2	0.8698	0.8718	0.8730	$1-\dfrac{Zs_2}{\pi D_2\sin\beta_2}$
	泵送液体的密度 $\rho/(\text{kg}\cdot\text{m}^{-3})$	1000	1000	1000	
	最大轴功率估算 $P_{\max}/\text{kW}$	7.62	6.65	5.72	$\dfrac{\rho u_2^3\pi D_2 b_2\psi_2\sigma^2\tan\beta_2}{4\times1000\eta_j}$
	水泵单级扬程 H_i/m	13.24	11.66	10.15	$\dfrac{(u_2v_{u2}-u_1v_{u1})\eta_h}{9.81}$
6. 叶片绘型并计算叶片进口安放角	前、后盖板流线倾斜角 $\theta/(°)$	87.0		88.0	作图选择
	前、后盖板流线转弯半径 R	6.0		18.0	作图选择
	叶片包角 $A/(°)$	130.0	120.0	110.0	作图选择
	各流线叶片进口宽度 b_1/m	0.0130	0.0129	0.0127	作图测量
	叶片进口过水断面面积 F_1/m^2	0.0020	0.0018	0.0017	$\pi D_1 b_1$
	叶片进口厚度 s_1/m	0.0012	0.0012	0.0012	按结构和经验选择
	叶片进口安放角 $\beta_1/(°)$	34.0	35.0	36.0	用数值模拟做正交试验优选为好
	叶片进口排挤系数 ψ_1	0.9004	0.8964	0.8917	$1-\dfrac{Zs_1}{\pi D_1\sin\beta_1}$
	叶轮进口轴面流速 $v_{m1}/(\text{m}\cdot\text{s}^{-1})$	3.15	3.41	3.72	$\dfrac{Q}{3600\pi D_1 b_1\psi_1}$
	叶片进口液流角 $\beta_1''/(°)$	31.1	35.6	40.7	$\arctan\dfrac{v_{m1}}{u_1-v_{u1}}$
	进口冲角 $\Delta\beta_1/(°)$	2.9	−0.6	−4.7	$\beta_1-\beta_1''$

3. 绘制叶轮水力模型

叶轮的几何参数最好通过数值模拟的正交试验来确定，否则很难保证高效率的设计指标。图 5-11 为根据表 5-3 计算后绘制的 150XQJ20-65 型井泵叶轮水力模型，图 5-12

为叶轮加工图。

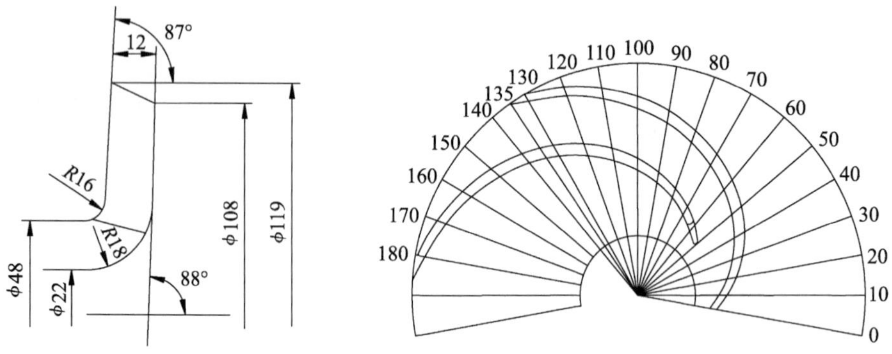

图 5-11　150XQJ20-65 型井泵叶轮水力模型

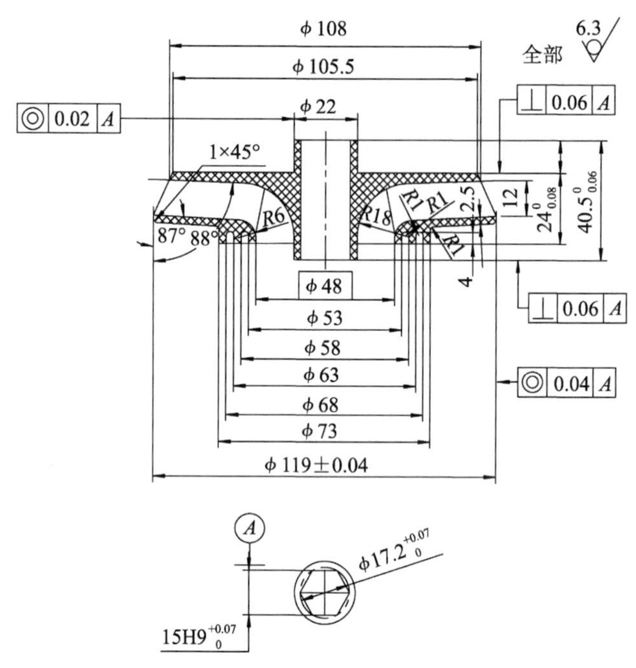

图 5-12　叶轮加工图

4. 导叶的设计计算

导叶的设计计算见表 5-4。

表 5-4　150XQJ20-65 型井泵三维曲面反导叶的设计计算

参数	上盖板 a 流线	中间 b 流线	下盖板 c 流线	备注
流量 $Q/(\mathrm{m^3 \cdot h^{-1}})$	20	20	20	已知条件
水泵单级扬程 H_i/m	11	11	11	已知条件
转速 $n/(\mathrm{r \cdot min^{-1}})$	2850	2850	2850	已知条件

续表

参数	上盖板 a 流线	中间 b 流线	下盖板 c 流线	备注
比转速	128.37	128.37	128.37	$\frac{3.65n\sqrt{Q}}{60H_i^{0.75}}$
叶轮出口直径 D_2/m	0.1190	0.1135	0.1080	已知条件
叶轮出口圆周流速 $v_{u2}/(\mathrm{m}\cdot\mathrm{s}^{-1})$	10.16	9.43	8.68	已知条件
导流壳进口直径 D_3/m	0.1210	0.1110	0.1000	$D_{3b}=\sqrt{\frac{D_{3a}^2+D_{3c}^2}{2}}$
导流壳进口圆周流速 $v_{u3}/(\mathrm{m}\cdot\mathrm{s}^{-1})$	9.99	9.64	9.37	$v_{u3}=\frac{v_{u2}D_2}{D_3}$，在新型井泵中不适用，需要进一步研究替代公式
导流壳出口直径 D_4/m	0.048	0.037	0.022	$D_{4b}=\sqrt{\frac{D_{4a}^2+D_{4c}^2}{2}}$
导流壳出口宽度 b_4/m	0.0114			用数值模拟做正交试验优选为好
导流壳出口宽度 A_4/m	0.0173			按结构和经验作图确定
导流壳出口面积 F_4/m^2	0.00118			$b_4\cdot A_4\cdot Z_\mathrm{d}$
导流壳出口流速 $v_4/(\mathrm{m}\cdot\mathrm{s}^{-1})$	4.71	4.71	4.71	$\frac{Q}{3600F_4}$
叶片出口安放角 β_4/(°)	56.90	58.10	59.30	按结构和经验作图确定
导流壳出口圆周流速 $v_{u4}/(\mathrm{m}\cdot\mathrm{s}^{-1})$	2.57	2.49	2.40	$v_4\cos\beta_4$
各流线叶片进口宽度 b_3/m	0.0138	0.0107	0.0105	用数值模拟做正交试验优选为好
b_3 的中点直径 D_3/m	0.1072	0.1105	0.1105	作图测量
叶片进口排挤系数 ψ_3	0.83	0.83	0.83	先选后算，要求和后面的计算值接近
导叶进口轴面流速 $v_{\mathrm{m}3}/(\mathrm{m}\cdot\mathrm{s}^{-1})$	1.44	1.80	1.84	$\frac{Q}{3600\pi D_3b_3\psi_3}$
导叶进口液流角 β_3'/(°)	8.20	10.58	11.09	$\arctan\frac{v_{\mathrm{m}3}}{v_{u3}}$
导叶进口安放角 β_3/(°)	12	12	12	用数值模拟做正交试验优选为好
叶片进口冲角 $\Delta\beta_3$/(°)	3.8	1.4	0.9	$\beta_3-\beta_3'$
导叶叶片数 Z_d	6.00	6.00	6.00	用数值模拟做正交试验优选为好

续表

参数	上盖板 a 流线	中间 b 流线	下盖板 c 流线	备注
叶片进口厚度 s_3/m	0.002	0.002	0.002	按结构和经验选择
叶片进口排挤系数 ψ_3	0.83	0.83	0.83	$1-\dfrac{Zs_3}{\pi D_3 \sin \beta_3}$
叶片包角 A/(°)	90.0	110.0	130.0	作图选择

5. 绘制导叶水力模型

导叶的几何参数最好通过数值模拟的正交试验来确定，否则很难保证高效率的设计指标。导叶的绘型可以用保角变换法，也可以用扭曲三角形法。图 5-13 所示为 150XQJ20-65 型井泵三维曲面反导叶水力模型。

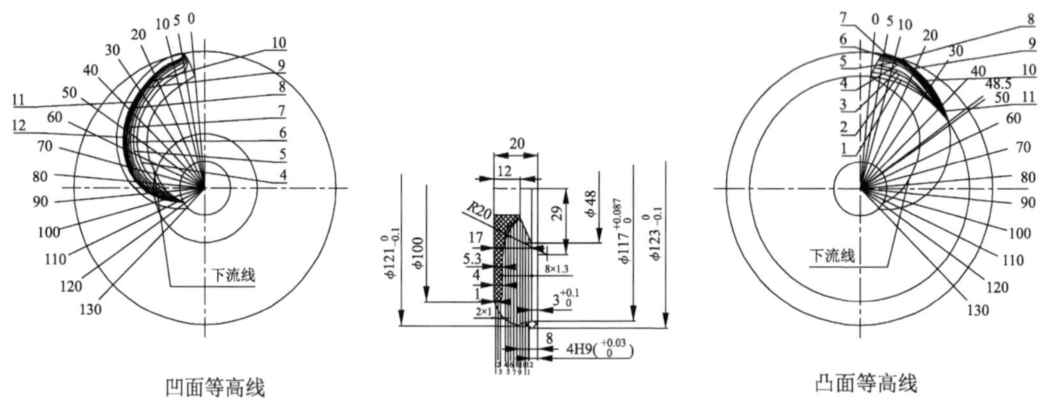

图 5-13　150XQJ20-65 型井泵三维曲面反导叶水力模型

6. 绘制装配图与分析样机性能

150XQJ20-65 型新型井泵的装配图如图 5-3 所示，其样机性能如图 5-14 所示。由图可以看出，其高效区较宽，全扬程无过载，最高效率点、最大功率点与额定流量点三点基本重合，说明设计合理，性能优异。

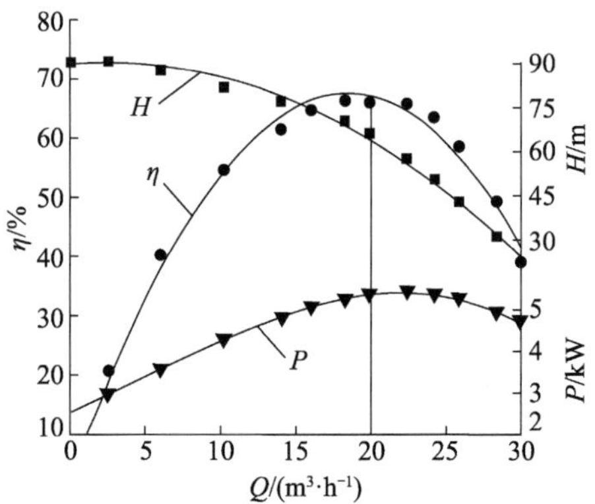

图 5-14　150XQJ20-65 型井泵样机性能

5.3.2　新型井用潜水泵系列型谱

江苏大学流体中心在总结近几年研究成果的基础上，制定了新型井用潜水泵的系列型谱，见表 5-5。

表 5-5　新型井用潜水泵系列型谱参数表

序号	型号规格	额定流量/$(m^3 \cdot h^{-1})$	单级扬程/m	泵体外径/mm	额定转速/$(r \cdot min^{-1})$	泵效率/%
1	80XQJ1	1	3.0	69	2850	37.1
2	80XQJ1.25	1.25	2.9	69	2850	39.9
3	80XQJ1.6	1.6	2.8	69	2850	42.6
4	80XQJ2	2	2.7	69	2850	45.2
5	80XQJ2.5	2.5	2.6	69	2850	47.7
6	80XQJ3.2	3.2	2.5	69	2850	50.0
7	100XQJ2.5	2.5	5.5	89	2850	46.0
8	100XQJ3.2	3.2	5.4	89	2850	48.0
9	100XQJ4	4	5.3	89	2850	51.4
10	100XQJ5	5	5.2	89	2850	54.7
11	100XQJ6.3	6.3	5.1	89	2850	57.0
12	100XQJ8	8	5.0	89	2850	59.0
13	100XQJ10	10	4.8	89	2850	60.8
14	125XQJ6.3	6.3	9.5	111	2850	53.1
15	125XQJ8	8	9.3	111	2850	56.8
16	125XQJ10	10	9.1	111	2850	59.7
17	125XQJ12.5	12.5	8.9	111	2850	62.2
18	125XQJ16	16	8.7	111	2850	64.3
19	125XQJ20	20	8.5	111	2850	65.9
20	150XQJ10	10	14.5	134	2850	57.0
21	150XQJ12.5	12.5	14.0	134	2850	61.0
22	150XQJ16	16	13.5	134	2850	63.0
23	150XQJ20	20	13.0	134	2850	65.0
24	150XQJ25	25	12.5	134	2850	66.0
25	150XQJ32	32	12.0	134	2850	67.0
26	175XQJ16	16	18.5	158	2850	60.0
27	175XQJ20	20	18.3	158	2850	64.0

续表

序号	型号规格	额定流量/($m^3 \cdot h^{-1}$)	单级扬程/m	泵体外径/mm	额定转速/($r \cdot min^{-1}$)	泵效率/%
28	175XQJ25	25	18.1	158	2850	66.0
29	175XQJ32	32	17.9	158	2850	67.0
30	175XQJ40	40	17.7	158	2850	70.0
31	175XQJ50	50	17.5	158	2850	72.0
32	200XQJ20	20	23.5	166	2850	64.0
33	200XQJ25	25	23.0	166	2850	67.0
34	200XQJ32	32	22.5	166	2850	69.0
35	200XQJ40	40	22.0	166	2850	71.0
36	200XQJ50	50	21.5	166	2850	73.0

表5-7中的泵体外径和单级扬程是参考值，根据不同的用户要求可以在国家标准容许的范围内适当调整。例如，表5-7中的150XQJ20型井泵的泵体外径是134 mm，单级扬程是13 m，但设计实例中的150XQJ20型井泵的泵体外径是127 mm，单级扬程是11 m。表5-7中的泵效率不低于相应国家标准的规定值，而单级扬程都高于国内外同类产品。

第6章

喷射泵

6.1 概述

喷射泵(见图 6-1)是一种采用射流器与离心泵组合方式设计的电泵,广泛用于农业灌溉、园林喷灌系统和城市农村取水工程等领域。喷射泵主要具有以下几个优点:① 具备自吸功能,只需在第一次使用时让泵体内储有一定量水,二次启动无须灌水;② 结构紧凑、操作方便、使用范围广、无须安装底阀、维护容易;③ 自吸高度高、自吸时间短。

图 6-1 常见的两种喷射泵

喷射泵的工作原理:泵在运行过程中,由叶轮流出的高压流体进入喷射泵的腔体,然后高压工作流体通过射流器喷嘴高速喷出,在喷嘴出口处形成低压,引流器内部的液体则因喷嘴出口处的低压与大气压的压差而被抽吸进入混合段,再进入喉管。在喉管内,高速流体与低速流体充分混合,通过紊流扩散作用进行能量交换,最后一起流入离心叶轮。混合流体通过离心叶轮做功,压力增加,经导叶进入泵腔。泵腔内的高压流体一部分从泵的出口排出,另一部分则通过喷嘴进口进入下一循环。

喷射泵的做功部件主要有两部分:射流器和离心叶轮。射流器通过紊动作用提高被引流液体的能量,而离心叶轮则通过离心力作用提高液体的能量。射流器是喷射泵特有的部件,其主要作用是利用高能量的工作流体抽送低能量的被引射流体。喷射泵的工作过程主要由三个过程组成:喷射过程、引射过程和增压过程。

① 喷射过程:高压工作液流经喷嘴喷入混合段,因喷嘴断面的急剧收缩,工作液流的速度迅速增大,压力则相应下降到低于引流段中的吸入压力,在喷嘴出口处形成一个低压区。

② 引射过程:在喷嘴附近形成低压,抽吸液流被引射进混合段,与高速工作液流同时进入喉管段;在喉管段内两种不同速度的液流因相互作用而进行动量交换;工作液流速度减小,吸入液流速度增大。

③ 增压过程:由于扩散段的截面积逐渐扩大,扩散段内的液流速度减小,压力升高;在扩散段内液流的部分动能转变为压力能,最后以一定的压力将混合液流排入离心叶轮进口,达到输送液体的目的。

两种常见的喷射泵如图 6-2 所示,射流器如图 6-3 所示。

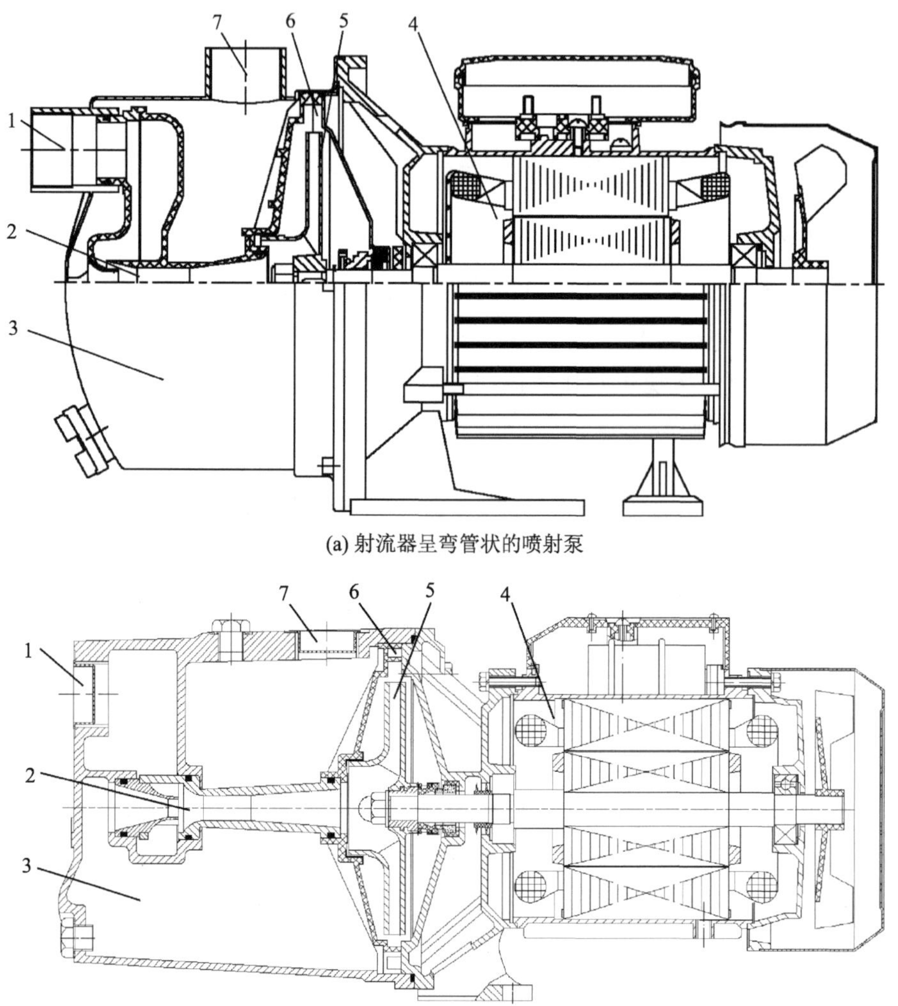

(a) 射流器呈弯管状的喷射泵

(b) 射流器呈直管状的喷射泵

1—进口管路;2—射流器;3—泵腔;4—电机;5—离心叶轮;6—导叶;7—出口管路。

图 6-2　两种不同射流器结构的喷射泵示意图

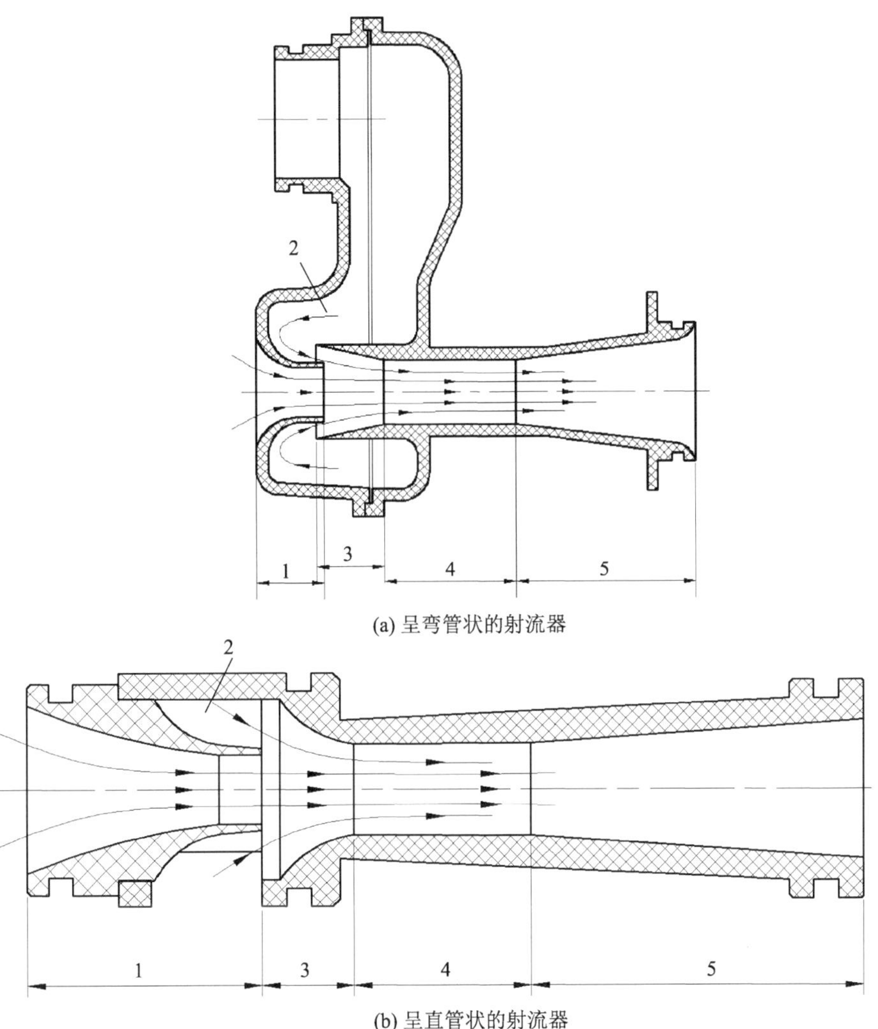

1—喷嘴段;2—引流段;3—混合段;4—喉管段;5—扩散段。

图 6-3　两种不同结构的射流器示意图

与其他类型的泵一样,喷射泵也存在汽蚀问题的困扰。基于喷射泵工作原理的特殊性,研究发现,在运行过程中,喷射泵内部压力最低位置出现在喉管区域,如图 6-4 所示,这就决定了该类泵的汽蚀是发生在射流器喉管的某一位置。随着流量的增加,当射流器喉管区域压力降低到液体汽化压力时,溶解于液体中的气体开始逸出,形成汽蚀气泡,并随液流向下游移动。汽蚀气泡进入扩散段时大量溃灭,产生较大的冲击、噪声和振动,消耗液流大量能量,使泵的性能和效率急剧下降。

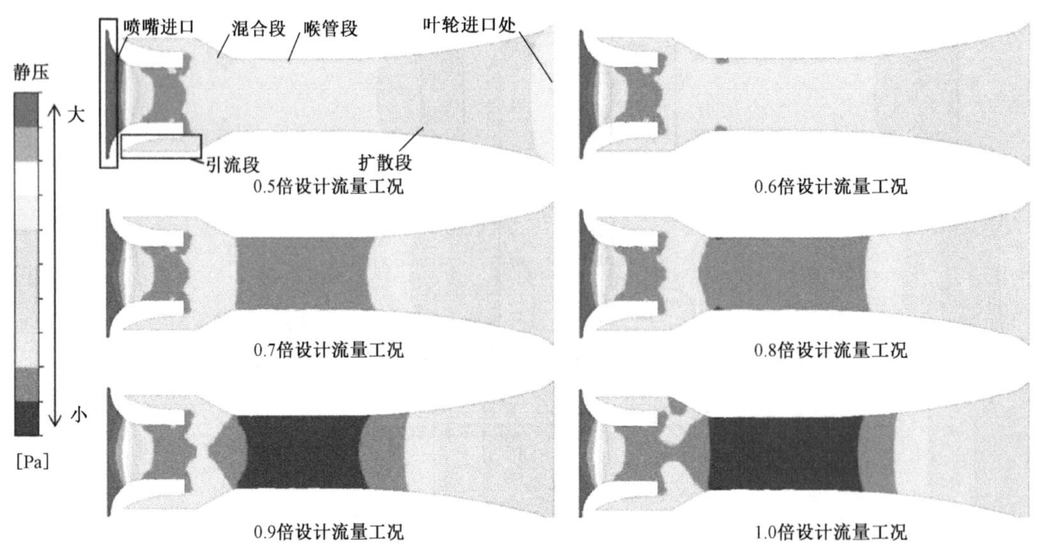

图 6-4　不同工况下射流器内部压力云图

6.2　自吸性能

喷射泵的自吸原理:泵在运行过程中,泵腔内的高压水通过射流器在喷嘴处形成局部真空,通过水射流卷吸作用使管道内的气体与射流器中的高速液体混合后共同进入叶轮,流向泵腔,并在泵腔内完成气水分离,气体从泵出口排出,液体返回射流器,如此循环直至将泵入口管道内的气体抽尽,水被吸上来,自吸过程结束。

自吸性能的优劣是评价喷射泵的重要指标之一。自吸性能主要是指自吸时间和自吸高度。自吸时间又叫抽气速率,即单位时间内排出气体的体积;自吸高度又叫极限真空度,是指喷射泵所能达到的最大自吸高度。

由于喷射泵的工作原理特殊,影响该型泵自吸性能的因素有很多,如射流器各部件的尺寸、叶轮出口宽度、叶轮的圆周速度、叶轮外缘与泵体隔舌的间隙、气水分离室的容积等。国内外一些学者对自吸泵的自吸性能进行了研究,得到如下结论:泵排出口的位置对自吸性能所产生的影响表明,泵排出口最好开在离蜗壳出口较远的位置,以便于气水分离及气体排出;加大自吸泵气水分离室的容积可以提高自吸泵的自吸性能;叶轮与蜗壳隔舌的间隙对自吸性能有一定程度的影响;射流器喷嘴面积与喉管面积之比对自吸性能具有一定的影响。

6.3　设计方法概述

喷射泵内部包括射流器与离心叶轮两种类型的水力部件,两者水力设计方法不同,且设计过程中还需要考虑射流器与离心叶轮的装配关系,因此喷射泵的设计与单独的射流器设计和叶轮设计有一定的区别。

6.3.1 离心叶轮水力设计

射流器扩散段出口与离心叶轮进口相匹配，但从喷射泵的安装结构来看，射流器扩散段出口直径要小于离心叶轮进口直径。因此，在设计过程中考虑到喷射泵的结构紧凑性及容积效率，射流器扩散段出口直径可以适当减小。要使整个喷射泵的效率处于较高水平，喷射泵叶轮需要按照离心叶轮的设计方法进行设计，以使得喷射泵叶轮运行在较佳的工作状态下，从而提高电泵的整体效率，进而达到节能的效果。

离心叶轮通常采用相似换算法及速度系数法进行设计。速度系数法实际上也是一种相似换算设计方法，只是其是依据一系列相似泵的统计数据来进行相似换算的。

1. 相似换算设计喷射泵的离心叶轮

(1) 确定设计泵的比转速

$$n_s=\frac{3.65n\sqrt{Q}}{H^{0.75}} \tag{6-1}$$

式中，n 为设计泵的转速，r/min；Q 为设计点流量，m^3/s；H 为设计点扬程，m。

(2) 选择模型泵

选取和设计泵比转速相近或相同的模型泵，并要求模型泵有较好的汽蚀性能、较高的效率。因为相似换算设计泵的基本尺寸是根据相似换算系数进行计算的，模型泵的每一个具体尺寸都对设计泵有影响，所以模型泵的数据十分重要。

(3) 确定相似换算尺寸系数

$$\lambda_Q=\frac{D}{D_M}=\sqrt[3]{\frac{Q}{Q_M}\cdot\frac{n_M}{n}},\lambda_H=\frac{D}{D_M}=\frac{n_M}{n}\cdot\sqrt{\frac{H}{H_M}} \tag{6-2}$$

式中，D 为设计泵线型尺寸，m；D_M 为模型泵线型尺寸，m。

在选择换算点计算换算系数的过程中，选取的扬程、流量换算点计算得到的 λ_Q 和 λ_H 需要尽可能一致，并根据 λ_Q 和 λ_H 的值确定最后的尺寸换算系数 λ，这样才可能使设计的离心叶轮与原始模型最为相似。若根据流量及扬程分别计算得到的相似换算系数不一致且有微小的差值，则相似换算系数应取较大值，以便在设计扬程偏高和功率偏大时为切割留有余量。

(4)确定设计叶轮的尺寸

当相似换算系数确定后，就需要依据原始模型的几何尺寸对新叶轮的各个尺寸进行计算。新叶轮的线性尺寸是用原始模型线性尺寸乘以换算系数得到的，对应的角度应保持不变，即

$$D=\lambda\cdot D_M \tag{6-3}$$

$$\beta=\lambda\cdot\beta_M \tag{6-4}$$

(5) 计算设计泵的性能参数

设计泵的性能数据需要根据模型泵的性能数据进行换算得到，流量 Q、扬程 H 及功

率 P 的值可以根据以下公式进行换算：

$$\frac{Q}{Q_M}=\frac{n}{n_M}\cdot\left(\frac{D}{D_M}\right)^3\Rightarrow Q=\lambda^3\cdot\frac{n}{n_M}\cdot Q_M \tag{6-5}$$

$$\frac{H}{H_M}=\left(\frac{n}{n_M}\right)^2\cdot\left(\frac{D}{D_M}\right)^3\Rightarrow H=\lambda^2\cdot\left(\frac{n}{n_M}\right)^2\cdot H_M \tag{6-6}$$

$$\frac{P}{P_M}=\left(\frac{n}{n_M}\right)^3\cdot\left(\frac{D}{D_M}\right)^5\Rightarrow P=\lambda^5\cdot\left(\frac{n}{n_M}\right)^3\cdot P_M \tag{6-7}$$

$$\eta=\frac{\rho gQH}{1000P} \tag{6-8}$$

（6）校核

相对于大泵而言，小泵的效率低，主要原因是大泵内部的相对粗糙度较小，加工过程中尺寸变形也相对较小。因此，需要对泵的效率进行修正。考虑到尺寸对泵效率的影响，需要对换算系数进行修正：

$$\lambda'=\lambda\cdot\sqrt{\frac{\eta_{hM}}{\eta_h}}=\lambda\cdot\sqrt{\frac{f_M}{f}} \tag{6-9}$$

式中，λ 为正换算系数；f、f_M 分别为相关系数，表达式如下：

$$f=\frac{1}{1+3.15/D_j^{1.6}},f_M=\frac{1}{1+3.15/D_{jM}^{1.6}} \tag{6-10}$$

式中，D_j 为实型叶轮进口直径，m；D_{jM} 为模型叶轮进口直径，m。

对泵的各几何尺寸进行计算，根据换算得到的数据绘出相应的图纸，校对相关参数是否满足设计要求，便可得到设计泵的相关参数。

2. 速度系数法设计喷射泵的离心叶轮

速度系数法是基于统计同一类型泵的系数相同这一原理的一种水力设计方法，它建立在一系列泵的统计基础上。设计离心叶轮时，可以利用由统计数据计算得到的系数来计算设计叶轮的基本尺寸。由于喷射泵离心叶轮的进口结构与常规单级单吸离心泵叶轮的进口结构不一样，其叶轮进口直接与射流器的喉管扩散段出口相匹配，因此需要综合考虑射流器的喉管出口与叶轮进口之间的匹配关系来进行设计。

（1）叶轮进口直径

$$D_0=k_0\cdot\sqrt[3]{\frac{Q}{n}} \tag{6-11}$$

式中，Q 为设计点工作流量，m^3/s；n 为设计点转速，r/min；k_0 为根据统计方法得到的进口直径的统计系数。

离心叶轮的设计需要对汽蚀性能进行考虑，当主要考虑汽蚀时，取 $k_0=4.5\sim5.5$，以保证叶轮进口速度较小，提高进口压力；当主要考虑效率时，取 $k_0=3.5\sim4.0$，以保证进口口环较小，减少容积损失。通常泵在大流量工况下容易发生汽蚀现象，汽蚀稳定性较差。因此，考虑到泵的工作特点，需要灵活调整叶轮进口直径的大小，使得泵的性能达到最佳。但针对喷射泵的情况，由于离心叶轮进口之前安装的是射流器，其扩散段相当于一个增压部件，有增加流体压力的作用，所以也就增加了离心叶轮进口处输送液体的压力，汽蚀发生概率也就低一些。因此，在对喷射泵的进口直径进行设计时，k_0 可以选择较小的值，以减小口环处的泄漏损失，提高喷射泵的效率。

(2) 叶轮出口直径

$$D_2=k_D \cdot \sqrt[3]{\frac{Q}{n}}, k_D=9.35k_{D_2} \cdot \left(\frac{n_s}{100}\right)^{-0.5} \tag{6-12}$$

式中，k_{D_2} 为 D_2 的修正系数。

喷射泵的叶轮一般为低比转速离心叶轮，其圆盘摩擦损失与叶轮外径有很大关系，因此设计过程中外径应适当选取较小的值以提高效率。同样值得强调的是，喷射泵中的离心叶轮一般选择较大的叶片出口安放角，以保证在一定的流量变化范围内叶轮的扬程变化较小。

(3) 叶轮出口宽度

$$b_2=k_b \cdot \sqrt[3]{\frac{Q}{n}}, k_b=0.64k_{b_2} \cdot \left(\frac{n_s}{100}\right)^{5/6} \tag{6-13}$$

式中，k_{b_2} 为 b_2 的修正系数。

在设计过程中，k_{b_2} 值的选取与泵的比转速有关，现阶段所使用的喷射泵均采用单级单吸离心叶轮，叶轮出口宽度系数 k_{b_2} 选取较小的数值。

(4) 叶片进口安放角

叶片进口安放角 β_1 的取值通常需要考虑离心叶轮的工作特点，并在叶片进口安放角的基础上考虑一定的冲角 $\Delta\beta$。冲角有一定的取值范围，一般为 3°～15°，其目的是避免叶轮在大流量工况下发生不稳定汽蚀现象而导致效率大幅下降。若采用负冲角，则易使叶片吸力面发生汽蚀现象。同时，若设计的泵经常在大流量工况下运行，则应加大冲角。冲角的计算公式为

$$\Delta\beta=\beta_1-\beta_1' \tag{6-14}$$

式中，β_1 为叶片进口安放角；β_1' 为进口液流角。

(5) 叶片出口安放角

在采用速度系数法设计离心叶轮的过程中，叶片出口安放角 β_2 一般是先选取的参数，并且在设计过程中叶轮出口安放角的大小有一大致的范围。但喷射泵可采用加大流量设计法选取较大的叶片出口安放角，以保证叶轮本身较大的效率。

(6) 叶轮叶片数

叶轮叶片数的选取不仅要考虑其对叶轮流道的影响，也要考虑其对水力损失的影响，同时还要考虑叶片能否满足与液体充分作用的条件。通常叶片数与比转速有一定的关系（表 6-1），并且当叶片数少时，叶片包角相应要大，以使叶片与液体充分作用。

表 6-1 叶片数与比转速的关系

n_s	30 ～ 45	45 ～ 60	60 ～ 120	120 ～ 300
Z	8 ～ 10	7 ～ 8	6 ～ 7	4 ～ 6

6.3.2 射流器水力设计

喷射泵中的射流器是一种利用湍流扩散进行能量传递与质量传递的非旋转式流体机械，其工作原理与射流泵的相似。射流器基本结构如图 6-5 所示。

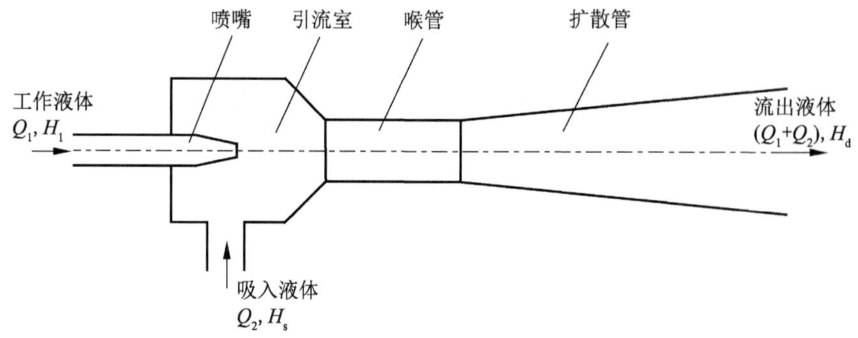

图 6-5 射流器结构简图

1. 射流器的性能方程

射流器的工作性能参数一般采用量纲一的相对值来描述，相关参数如下。

射流器的流量比为

$$M=\frac{Q_2}{Q_1} \tag{6-15}$$

式中，Q_1 为射流器喷嘴处的工作流量，也称驱动流量，m^3/h；Q_2 为射流器引流室的吸入流量，也称引流流量，m^3/h。

射流器的压力比为

$$N=\frac{H_d-H_s}{H_1-H_s} \tag{6-16}$$

式中，H_1 为射流器喷嘴进口处的总扬程，也称驱动扬程，m；H_d 为射流器扩散段出口处的总扬程，m；H_s 为射流器引水室进口处的总扬程，m。

射流器的面积比为

$$R=\frac{f_2}{f_1} \tag{6-17}$$

式中，f_2 为喉管面积，m^2；f_1 为喷嘴出口面积，m^2。

射流器内液体的密度比为

$$\rho'=\frac{\rho_s}{\rho_1} \tag{6-18}$$

式中，ρ_s 为射流器引流室内吸入液体的密度，kg/m^3；ρ_1 为射流器喷嘴处工作液体的密度，kg/m^3。

射流器内液体的重度比为

$$\overline{\gamma}_s=\frac{\gamma_s}{\gamma_1} \tag{6-19}$$

式中，γ_s 为射流器引流室内吸入液体的重度，N/m^3；γ_1 为射流器喷嘴处工作液体的重度，N/m^3。

如若驱动液体（即射流器喷嘴处工作液体）与引流液体（即射流器引流室内吸入液体）密度相同，则射流器的效率计算公式为

$$\eta_j=\frac{\rho_s g Q_2(H_d-H_s)}{\rho_1 g Q_1(H_1-H_d)}=M\frac{N}{1-N} \tag{6-20}$$

射流器内部流动问题实际上属于有限空间射流问题。目前，对有限空间射流一般采用统计和流体力学方法进行研究。对比两种方法，统计方法是在大量试验的基础上提出的理论，其普适性受到一定的限制；而流体力学方法则是基于射流器内部的二维流动理论提出的一种计算方法，其普适性要比统计方法好很多。利用流体力学方法及电算法可以得到压力比 N 与流量比 M 之间的简化表达式：

$$\frac{N}{\varphi_1^2}=\frac{N_0}{M_0}(M_0-M) \tag{6-21}$$

式中，φ_1 为射流器喷嘴流速系数，其取值范围为 0.95～0.975。

M_0 和 N_0 都是与 R、$\overline{\gamma}_s$ 有关的射流器性能系数。当 $\overline{\gamma}_s=1$ 时，其相关表达式如下：

$$\begin{cases}M_0=(5R-0.9445)^{0.5}-1.75 & (R=1.5\sim3.0)\\ N_0=2.667-0.0023(R+26.07)^2 & (R=1.5\sim3.0)\end{cases} \tag{6-22}$$

$$\begin{cases}M_0=(5R-0.94)^{0.5}-1.7 & (R=3.0\sim25.0)\\ N_0=1.45R^{-0.892} & (R=3.0\sim25.0)\end{cases} \tag{6-23}$$

2. 射流器内部相似定律

喷射泵内部的射流器是其水力结构中十分重要的水力部件，射流器的结构尺寸是决定其性能及工作效率的关键性因素。在设计过程中，如果两个射流器间关键尺寸成某种关系，那么其相关性能及效率也基本相似。这些关键尺寸的相似性有助于在设计过程中简化并加快设计工作。通常决定这种相似性的因素有几何相似、运动相似及动力相似。

(1)几何相似

如果两个射流器的相应线型尺寸比例关系相等且对应角度相同，则可以称两个射流器几何相似。决定射流器的关键几何关系是面积比 R，如果两个射流器相似，则其面积比相同。例如，假设第一个射流器的喷嘴断面面积、喉管断面面积和它们的直径分别为 f_1、f_2、d_1、d_2，第二个射流器的喷嘴断面面积、喉管断面面积和它们的直径分别为 f_{1-1}、

f_{2-1}、d_{1-1}、d_{2-1}，由于相似的两个射流器面积比完全相同，所以对应的尺寸完全成比例关系，对应的角度则完全相同，且有

$$\frac{f_1}{f_{1-1}}=\frac{f_2}{f_{2-1}}=\frac{d_1^2}{d_{1-1}^2}=\frac{d_2^2}{d_{2-1}^2}=\text{const} \tag{6-24}$$

几何相似性原理在设计射流器水力结构时发挥很大作用，以往大量设计和使用过的优秀水力模型可以作为参考，设计时可以根据相似换算的方法确定需要设计的射流器结构尺寸，同时在优秀的水力结构上进行相应的优化，因此可以大大节约设计时间，提高设计效率。

射流器喉管与喷嘴的面积比相同并不意味着两个射流器几何相似，这是因为虽然喉管与喷嘴的面积比决定了射流器的扬程与流量之间的关系，但其他结构尺寸对射流器性能的影响也起到一定的作用。当喉管长度比、喉嘴距比、扩散角及喉管的进口收缩角对射流器性能的影响较小时，可以认为两个射流器是几何相似的。此外，在考虑射流器几何尺寸对射流器性能的影响时必须考虑这些尺寸，特别是在提高水力结构的效率时。

(2) 运动相似

如果两个射流器对应位置的任意两个点的速度之比相等，则称两个射流器是运动相似的。记第一个射流器任意两点处的速度为 V_1、V_2，第二个射流器相对应的位置处对应的速度为 V_{1-1}、V_{2-1}，如果两个射流器运动相似，则

$$\frac{V_1}{V_{1-1}}=\frac{V_2}{V_{2-1}}=\text{const} \tag{6-25}$$

当两个射流器的流量比一样，同时两个射流器几何相似，即对应的尺寸比例相同时，由连续性方程可知这两个射流器必定运动相似。在设计过程中，流量比 M 相同且几何相似的射流器，一定运动相似。

(3) 动力相似

如果两个射流器在满足几何相似及动力相似的情况下，相对应的点同时也满足作用力对应关系成比例，则称这两个射流器动力相似。在射流器内部，动力相似的主要作用力是摩擦力，即相互作用的黏性力相似。若射流器内黏性力相似成比例，则各部分的黏性系数也应该相等，即应有如下关系：

$$M=\text{const}, R=\text{const}, Re=\text{const}, \xi=\text{const} \tag{6-26}$$

式中，ξ 为阻力系数值，其大小与粗糙度有关；Re 为雷诺数，其与流体黏性、速度及几何尺寸相关。

通过对上述相似定律的分析可知，两个射流器在满足几何相似，且雷诺数相等时，具有相同的无因次性能曲线，这在设计射流器的过程中起着非常重要的作用。利用它既能够快速根据以往的资料设计射流器的相关尺寸，同时也可以预估设计射流器的性能。

3. 射流器关键几何尺寸

影响射流器的主要几何尺寸包括喷嘴直径 d_1、喉管直径 d_2、喉嘴距 L_c、喉管长度

L_k、吸入室收缩角 β、扩散角 β_1 及扩散段出口直径 d_c，如图 6-6 所示。

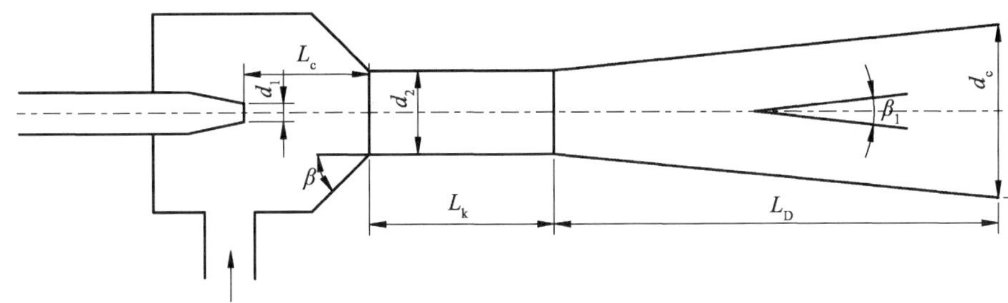

图 6-6　射流器的关键几何尺寸示意图

其中，喷嘴直径与喉管直径是相似定律最重要的关键尺寸，对射流器的性能起非常重要的作用。喉嘴距 L_c 对射流器的性能同样有很大的影响，同时在设计过程中，喉嘴距需保持一定大小，以保证喉管进口与喷嘴之间的距离能够通过最大固体颗粒物。喉管长度 L_k 则影响工作液体与吸入液体的混合，若喉管长度过短，两股流体作用不充分，则会导致扩散损失增加；若喉管长度过长，则易导致水力摩擦损失增加，效率下降。扩散管的作用是将相互混合后的流体的动能转化为压能，扩散角 β_1 与扩散损失有一定的关系，通常扩散角选取 5°～8°。

4. 射流器设计

在设计射流器的过程中，通常需要先选定提供工作液体的离心泵，且为射流器提供工作液体的离心泵均已经知其工作工况，即离心泵的工作流量 Q_1 和工作扬程 H_1 已知。射流器的工作工况设计则依据具体的工作条件来确定。因此，H_s 及 H_d 也是已知的设计参数，H_s 与射流器引流室的吸入水位有关，而 H_d 与射流器的输出压力有关。射流器的工作工况设计要求知道射流器的工作流量，由于射流器的出水流量为工作流量与被引射流量之和，所以不管是被引射流量还是出水流量，知其一便知射流器的工作流量。

喷射泵是由射流器与离心叶轮两个水力部件构成的，离心叶轮进口与射流器扩散管出口相连。由此可以看出，射流器的设计思路与单独的射流泵基本相同，只是在使用时会有一定的差别，所起到的作用也不同而已。从射流器的基本参数可知，喉管面积与喷嘴面积之比是喷射泵的关键尺寸，也是决定射流器性能曲线的关键尺寸。

(1) 最佳面积比 R_{opt}

研究喷射泵的最佳面积比有两种情况：一种是知道流量比 M 的情况；另一种是知道压力比 N 的情况。两种情况下射流器的设计思路有一定的区别。由于通常研究的是液液相互作用的情况，且工作液体与被引射液体都是清水，因此不需要再考虑重度比对射流器面积的影响。

第一种情况：已知射流器的流量比 M 时，最佳面积比为

$$R_{opt}=\left[\left(\frac{M+0.75}{1.12}\right)^2+a\right]c_0 \tag{6-27}$$

式中,a 为相关系数,其取值范围与射流器的面积比有一定关系,当 $R=1.5\sim2.5$ 时 $a=0.8$,当 $R=2.5\sim25$ 时 $a=0.75$;c_0 为浓度修正系数,通常 $c_0=0.65\sim1$。

第二种情况:已知射流器的压力比 N 时,最佳面积比为

$$R_{\mathrm{opt}}=\frac{0.95\varphi_1^2c_1}{N+0.003\varphi_1^2} \tag{6-28}$$

式中,φ_1 为射流器喷嘴的流速系数,通常 $\varphi_1=0.9\sim0.98$,其值的大小与喷嘴的结构形式有关;c_1 为浓度修正系数,其值的大小与重度比 $\overline{\gamma}_s$ 有关,且当重度比增大时其值变小,通常 $c_1=0.77\sim1$。

(2) 校核相关参数

当确定最佳面积比 R_{opt} 之后,通过射流器的流量比公式计算出来的吸入流量 Q_2 应大于设计的吸入流量,而工作扬程则应该小于设计值。在设计过程中,应参照不同流量比下最佳设计工况点进行设计,以使得设计的射流器效率达到最佳值。最佳流量比与最佳压力比的选取可以参考图 6-7。

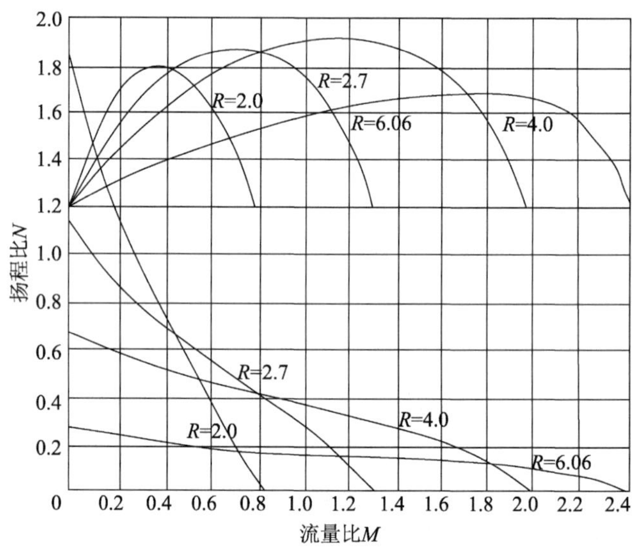

图 6-7 不同面积比 R 的射流器的 N-M 曲线

在设计过程中,同样还要考虑射流器的汽蚀性能。喷射泵的射流器与射流泵有相同的工作特点,当流量比达到一定值时,射流器内部也会发生汽蚀现象。当发生汽蚀时,扬程比便不再随流量的增加而发生变化,此时的流量比 M 称为极限流量比。射流器的极限流量比的简化方程为

$$M_k=(R-1)\sqrt{\frac{N_k}{N_k+1.27}} \tag{6-29}$$

$$N_k=\frac{P_a-P_v+H_s}{H_1-H_d} \tag{6-30}$$

式中，N_k 为汽蚀压力，Pa；P_a 为大气压力，Pa；P_v 为水的空化压力，Pa。

在射流器的设计过程中，设计工况下的流量比必须小于极限流量比 M_k。若超过极限流量比，射流器的性能将急剧下降。

(3) 射流器的主要尺寸计算

图 6-6 给出了喷射泵内射流器的关键几何尺寸示意图。在设计过程中，首先要确定喷嘴直径 d_1 的大小，其计算公式为

$$d_1=\sqrt{\frac{0.9Q_1}{\mu_1}\left(\alpha_1\frac{H_1-H_d}{\rho_0}\right)^{-0.5}} \tag{6-31}$$

式中，α_1 为修正系数，取 1～1.05；μ_1 为流量系数，取 0.9～0.95。

通常喷嘴出口有一段长度为圆柱段，这段圆柱段有助于喷嘴流出的液体相对均匀地喷射出，其长度一般为 $0.25d_1$。而由校核后的最佳面积比可以计算出 $d_2=\sqrt{R}d_1$，$L_c=(0.2\sim0.5)\sqrt{R}d_1$，$L_k=(5\sim7)d_2$，$L_D=7(d_c-d_2)$。需要说明的是，由于常规研究的是液液射流器，因此喉嘴距可以采用相对较小的尺寸，若需要考虑固体颗粒物对结构尺寸的影响，则喉嘴距一定要大于最大颗粒物的直径，以使得最大颗粒物可以顺利通过。喉管长度 L_k 和扩散管长度 L_D 过长易导致摩擦损失过大，而过短则易导致喉管内部的液体混合不均匀，并且会使扩散管内部的扩散损失增加；此外，由于喷射泵中射流器的出口与离心叶轮进口相匹配，因此扩散管出口尺寸的大小应该结合离心叶轮的尺寸进行选择。

6.4　泵腔环流对自吸性能的影响(范例)

当喷射泵的腔体体积不是很大的时候，在自吸过程中可以观察到喷射泵出水管路内水位过高、水位上下波动较大等现象。分析认为：产生这种现象的原因是从导叶出流的液体在泵腔内做环形流动，液体冲刷泵腔出口处的气体，使气水分离不充分，大量水进入出水管路致使泵腔内水位下降，实现自吸所需液体体积分数不足。

针对这一现象提出对试验泵在导叶背面添加挡板，研究环流对泵腔内气水分离情况及自吸性能的影响，提高喷射泵的自吸性能。通过改变挡板与泵出口的相对位置，提出了 3 种不同的方案，如图 6-8 所示。

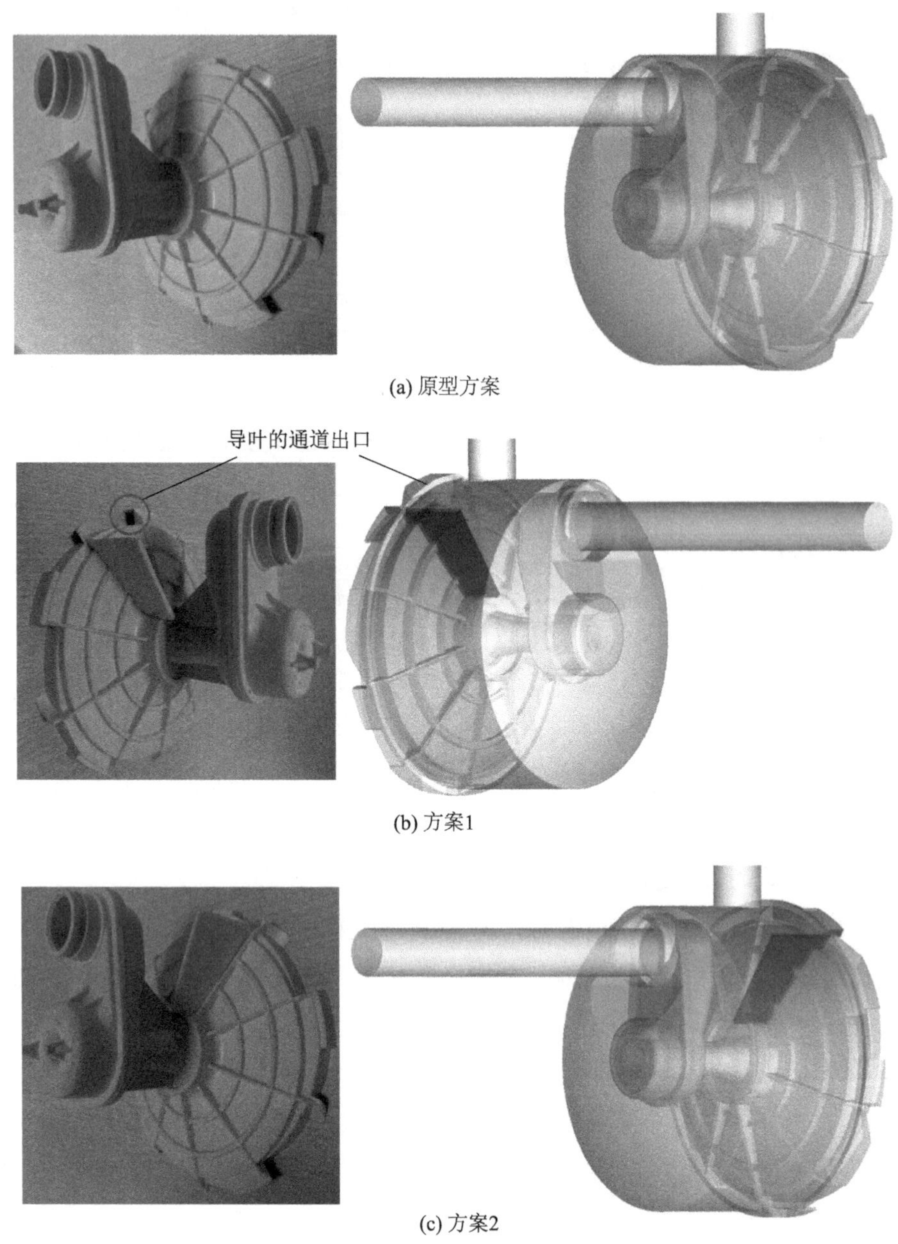

(a) 原型方案

(b) 方案1

(c) 方案2

图 6-8　3 种不同的挡板方案

图 6-8 所示的某型号喷射泵,其导叶有 5 个通道。对于 3 种不同的方案,导叶的通道出口之一(图中圆圈标示部分)保持在泵腔出口下方的相同位置。图 6-8a 所示为原型方案,原型导叶后无挡板;图 6-8b 所示为方案 1,挡板安装在泵腔出口位置下方逆时针旋转 36°处;图 6-8c 所示为方案 2,挡板安装在泵腔出口位置下方顺时针旋转 36°处。

自吸过程是一个非常复杂的气液两相卷吸和分离过程,需要克服从水箱到泵入口的液体重力,考虑吸入管路内的液体摩擦损失等。因此,基于 ANSYS 数值仿真软件模拟完整的自吸过程以保证模拟的准确性和合理性并考虑计算量是非常困难的。研究表明,向喷射泵内部通入一定量的气体，研究在自吸过程中泵腔内的气水分离过程，可以表征喷射泵自吸性能的研究。因此，下列范例向喷射泵的进口通入体积流量为 25% 的气体，用以研究喷射泵内部气液两相环流对自吸性能的影响。

图 6-9 显示了 3 种不同挡板方案在泵出口截面处气体体积分数和液体速度矢量的分布。从图中可以看出，由于流动的惯性力作用、不同相（液相和气相）间的耦合作用以及泵腔壁的限制，在自吸过程中，气液两相流从导叶出口流出后，会在泵腔内维持着逆时针的环流。与此同时，由于水的密度大于气体的密度，大量的气相聚集在泵腔中心区域而不是靠近泵出口的泵腔壁区域，如图 6-9a 所示。因此可以得出：如果泵腔容积较小，则在自吸过程中不利于气相从泵腔向泵出口排出。

图 6-9b 和图 6-9c 分别显示了两种不同的挡板布置方案，其中挡板安装在靠近泵出口导叶后面的不同位置。方案 1 中，通过挡板防止气液两相的逆时针环流，大量的气相没有出现在泵腔中心或泵出口区域，而是聚集在挡板的左侧。同时，挡板左侧液相速度矢量的方向相对于叶轮的旋转方向相反。其原因是挡板导致产生的大范围旋涡使气相聚集在挡板的左侧，与此同时，从导叶出口流出的高速水对泵出口的气液两相进行冲刷。这一结果与原型方案相同，这种情况也使气相从泵腔向泵出口排出困难。

方案 2 中，大量的气相没有出现在挡板的右侧，而是聚集在泵的出口区域。其原因是挡板右侧聚集的气相会受到与叶轮旋转方向相同的气液两相环流的冲击，如右侧液体速度矢量所示。此外，由于挡板的影响，在泵出口下方出现大范围的涡流，该区域没有形成沿叶轮旋转方向的环流。因此，由于气相和液相密度的差异，气相向泵腔出口移动。与原型方案相比，方案 2 中气相不会在泵腔中保持环流，而是在泵腔的上部积聚。这种现象有利于气体在泵腔内的积聚和排出。

图 6-10 为进一步对比气体的分布情况，将泵腔分为 3 个区域，分别是泵出口的 A 区、泵腔底部的 B 区和射流器入口的 C 区。采用原型方案和方案 1 时，大量的气相出现在泵腔的中心、底部和前部，而不是泵腔出口处，如区域 A 和 B 所示。但是，当采用方案 2 时，通过观察区域 A 中的液流速度矢量发现，大量的气相出现在泵腔出口处附近。此外，相对于原型方案和方案 1，方案 2 区域 C 中气体体积分数的分布反映了只有少量气体随液体流回射流器，即喷嘴射流出的工作液体体积分数增加，这有利于工作液体在射流出喷嘴出口时对进口管道内气体的卷吸，使管道内的气体更多、更充分地与喷嘴射流出的液体混合共同进入叶轮。

综合上述分析和试验验证，对于腔体较小的喷射泵，通过在导叶背面添加挡板，泵的自吸性能得到了明显的提升。

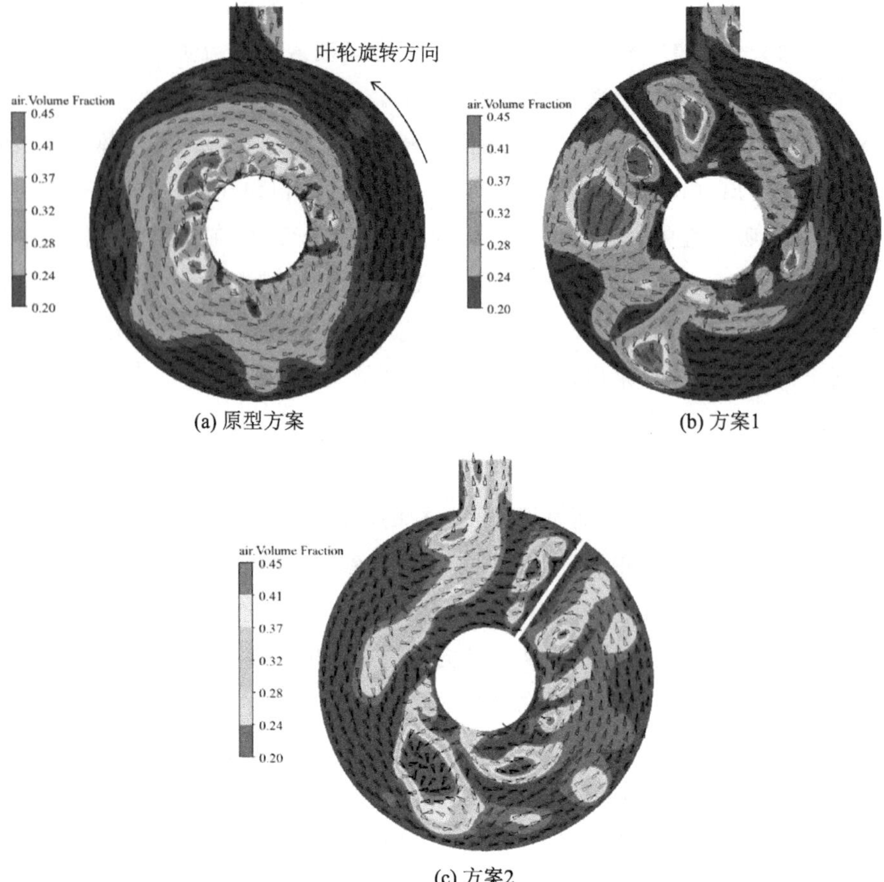

(a) 原型方案 (b) 方案1

(c) 方案2

图 6-9　泵出口横截面气体体积分数和液体速度矢量分布图

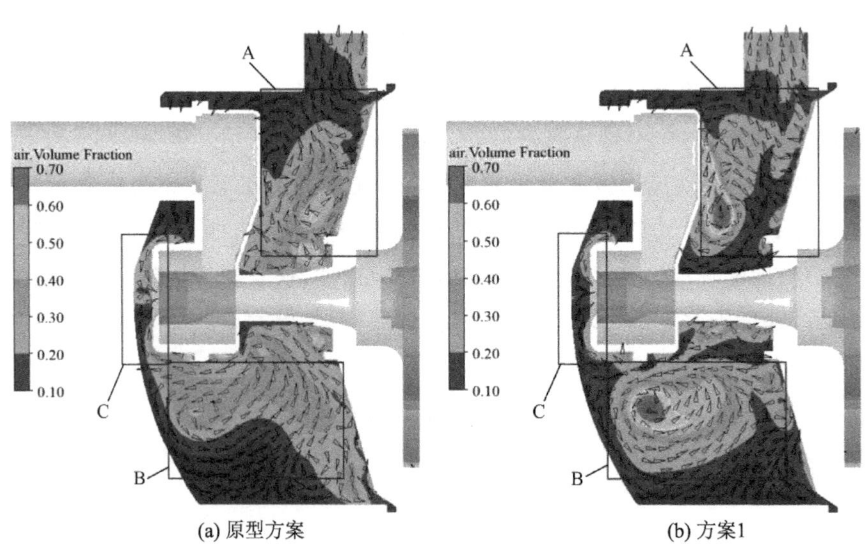

(a) 原型方案 (b) 方案1

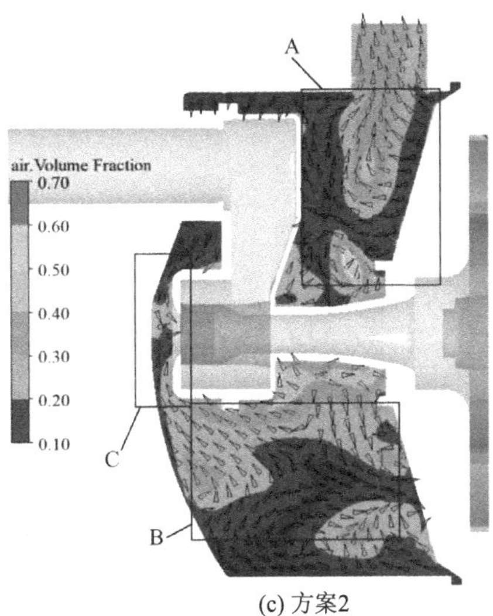

(c) 方案2

图 6-10　泵腔室中气体体积分数和液体速度矢量分布图

第7章

基于 CFD 技术的多级离心泵设计模拟及分析

由于传统水泵设计方法设计周期长、成本高，且十分依赖设计经验，CFD 技术在泵的内流数值模拟、泵的内部流动规律和结构研究等方面得到了广泛应用。当初步设计的产品得到的性能曲线不能满足使用要求时，往往需要不断地修改流道形状、进出口角度等几何参数，每改变一个参数都要重新进行试验，如此往复，直到产品性能满足设计要求。利用 CFD 技术来辅助水泵优化设计，不仅缩短了设计周期，降低了对设计经验的依赖程度，而且在真正意义上实现了叶轮机械的快速优化，能够更高效、便捷地进行产品研发设计。

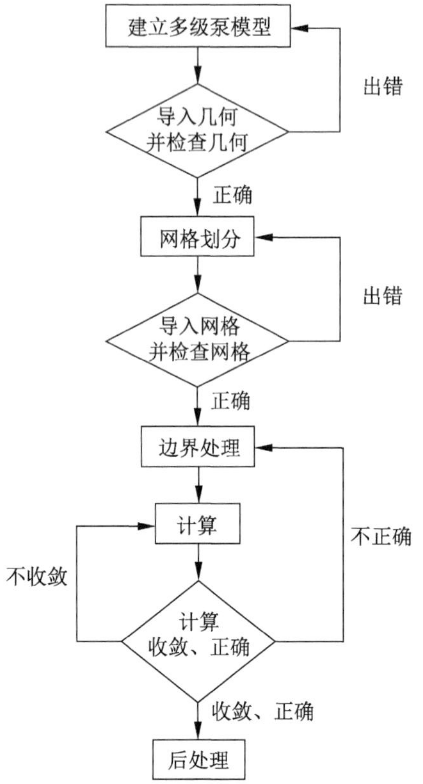

多级离心泵(简称“多级泵”)，顾名思义就是由两级及以上级数的叶轮、导叶所组成的离心泵。为了对多级离心泵进行数值计算并得到计算结果，需要对多级离心泵进行建模、网格划分、前处理、计算、后处理等流程，如图 7-1 所示，最终得到相应的扬程、功率、效率、流场动态流线、压力云图、温度云图等。

图 7-1　多级泵的数值计算流程图

本章将以多级离心泵的数值计算为例，重点讲解低比转速离心泵叶轮及正反径向导叶的网格拓扑思路，多级离心泵的边界处理，求解器的设置，以及后处理的过程。

7.1　多级泵的整体结构

多级泵的结构较复杂，如图 7-2 所示。

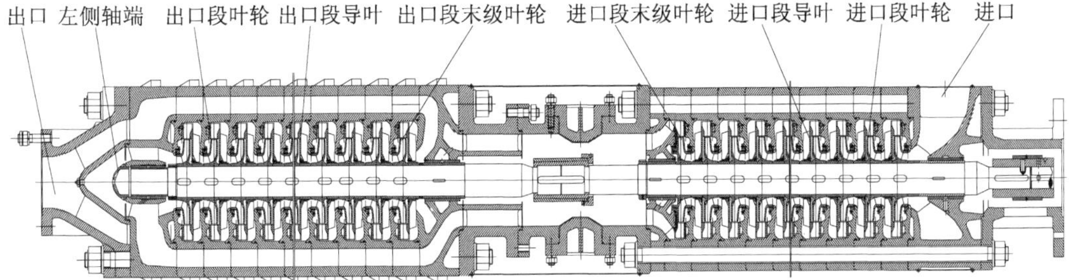

图 7-2　多级泵的结构图

7.2　叶轮网格划分

1. 打开 ICEM 软件

在开始菜单中选择【所有程序】→【ANSYS 14.5】→【Meshing】→【ICEM CFD 14.5】。

2. 导入多级泵模型

① 在菜单栏中选择【File】→【Import Geometry】→【STEP/IGES】，出现如图 7-3 所示的对话框。

② 选择对应的 *.stp/ *.step/ *.igs/ *.iges 格式的几何文件，单击【打开】，出现如图 7-4 所示的对话框。

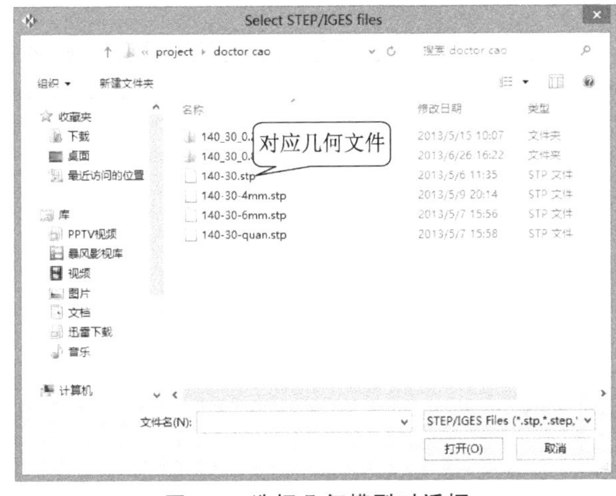

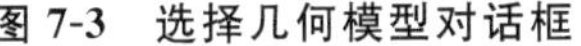
图 7-3　选择几何模型对话框

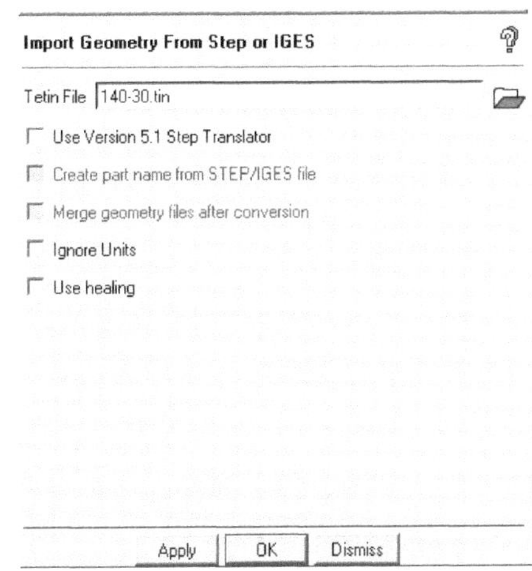

图 7-4　导入几何模型对话框

③ 一切按照默认，单击【OK】，在接下来的对话框中选择【Yes】，即可成功导入如图 7-5 所示的几何模型。

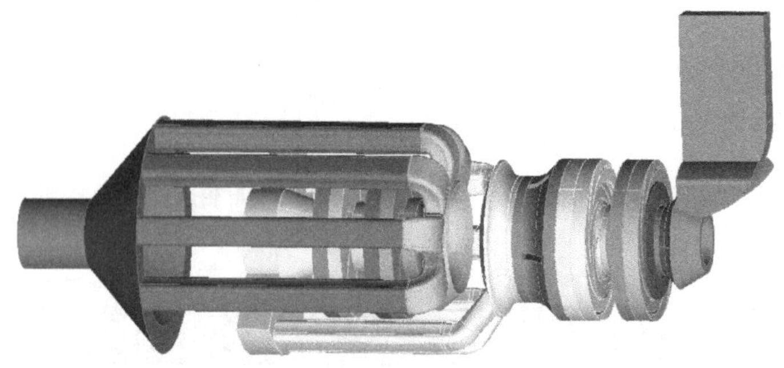

图 7-5　导入的几何模型

④ 在本章中，用 ICEM 划分网格一般是对单个部件而言的。因此，导入装配体的几何模型后，需要把多余的部件删除，操作步骤为：按【Ctrl】键选择删除除叶轮几何模型以外的所有部件，如图 7-6 所示；单击鼠标右键，选择【Delete】→【Delete】，最后只剩下叶轮部件，如图 7-7 所示。

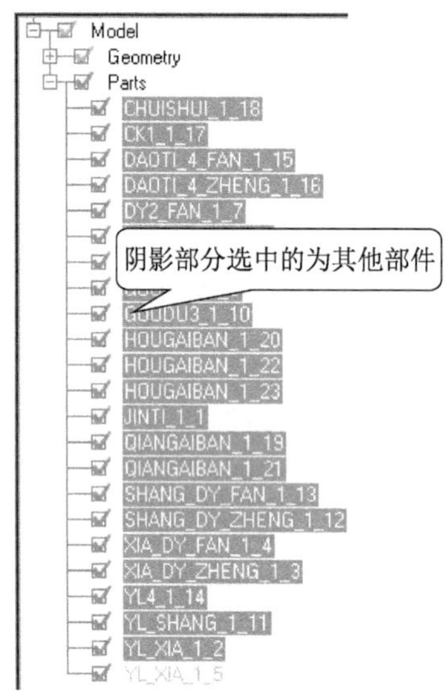

图 7-6　几何体装配需要删除的部件

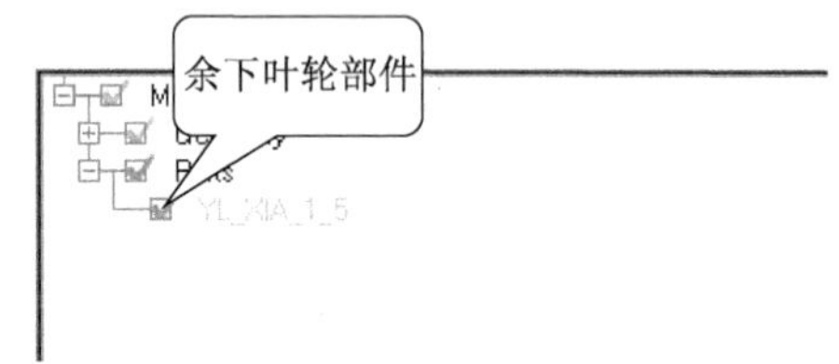

图 7-7　叶轮部件

3. 定义边界面

成功导入几何体后，首先定义边界面，原则上尽量以后处理方便为准则，即后处理中如果需要单独提取叶片工作面或背面的压力云图、温度云图等，就需要单独定义叶片的工作面或背面的 Part；如果不需要，则可以把工作面和背面定义为一个 Part；以此类推，后处理需要单独提取哪个部件的云图等数据，则需要单独定义那一部分的 Part。完全定义的叶轮 Part 如图 7-8 所示。

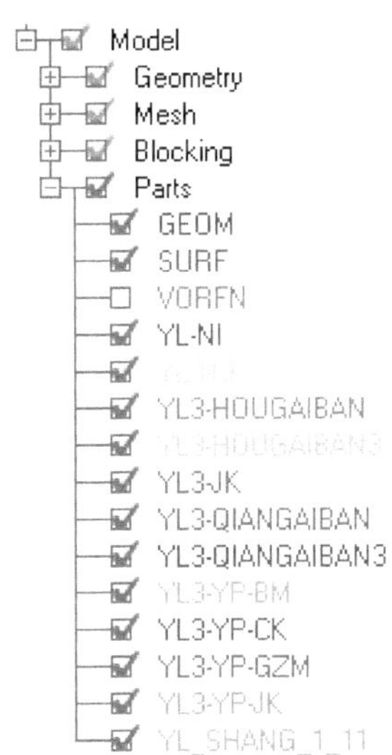

图 7-8　完全定义的叶轮 Part

本例中，在定义叶片工作面的 Part 时，首先需要使几何体为面显示，操作步骤如下：

① 单击模型树下的【Geometry】→【Surfaces】，同时单击工具栏里的【图标】图标，出现如图 7-9 所示的叶轮表面。

② 选择模型树的【Parts】，单击右键选【Create Part】，出现如图 7-10 所示的对话框，在"Part"输入框中输入 Part 的名称，如"YL1-YP-GZM"(表示叶轮叶片的工作面，名字用户自定)，同时单击【图标】图标，出现如图 7-11 所示的界面。

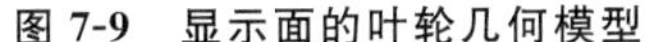

图 7-9　显示面的叶轮几何模型

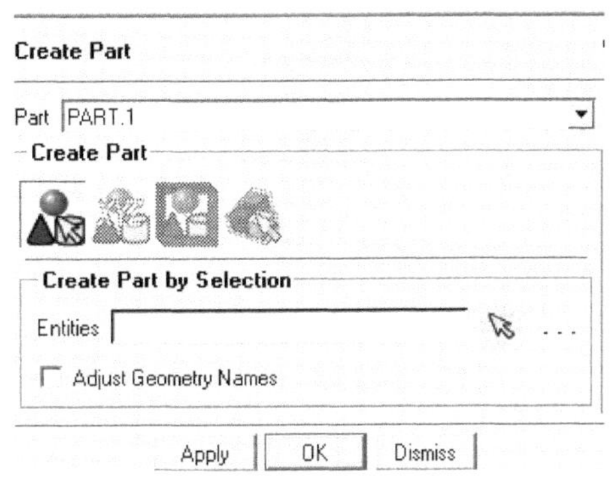

图 7-10　定义 Part 的对话框

③ 单击左键选择工作面，当既需要旋转叶轮而又选中其他几何面时，可以按住【Ctrl】键，先用左键旋转模型，然后单独按住左键就可以继续选择工作面。

④ 选完之后，单击中键确定，得到名称为"YL1-YP-GZM"的 Part，如图 7-12 所示。

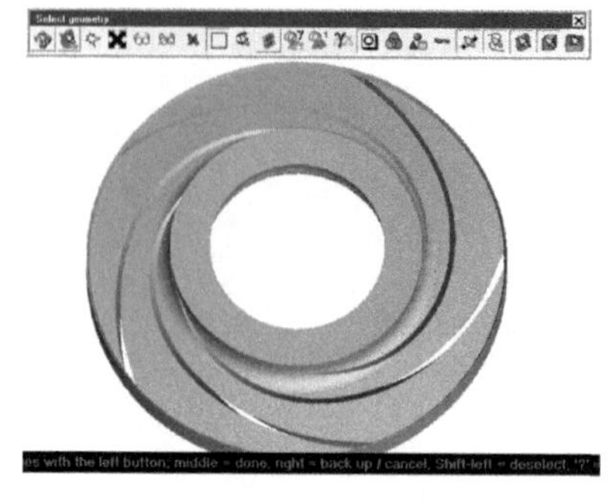

图 7-11　定义 Part 的界面

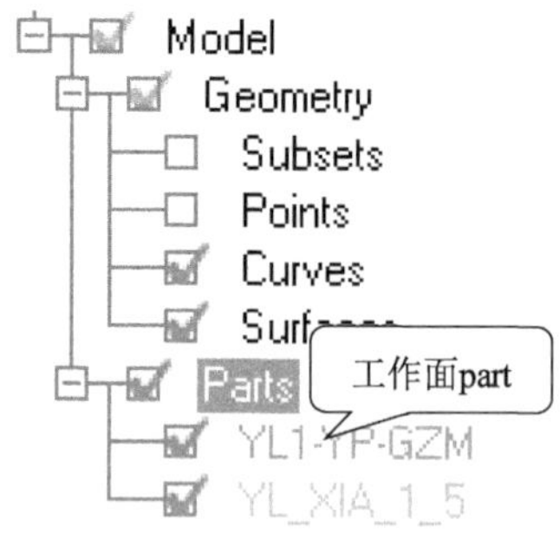

图 7-12　生成 Part 后的模型树

⑤ 同理，按上述步骤定义叶片的背面、叶片进出口、叶轮进出口的 part。

4. 建立拓扑

(1) 几何体的检查

在划分结构化网格之前，先检查导入的几何体。

① 单击工具栏中的【Geometry】→【】→【OK】，得到的几何体如图 7-13 所示。

注：完成后，通过建立 Block 对几何体进行划分，这有点类似投影。只是这里的投影并非垂直方向的投影，而可能是各个方向（必须为正方向）的，原理在此处不再赘述，本章重点讲述 Block 的划分思路及操作方法。

② 首先要显示几何体的点、线，而不显示面，这样的设置有利于操作，如图 7-14 所示。

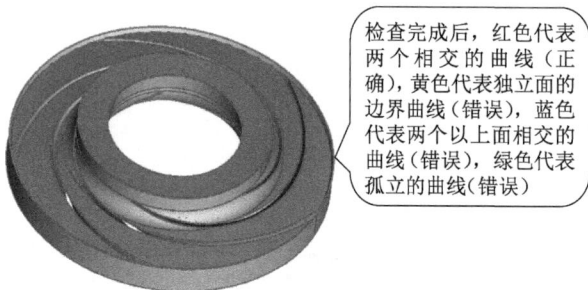

检查完成后，红色代表两个相交的曲线（正确），黄色代表独立面的边界曲线（错误），蓝色代表两个以上面相交的曲线（错误），绿色代表孤立的曲线（错误）

图 7-13　检查完叶轮几何体后的界面

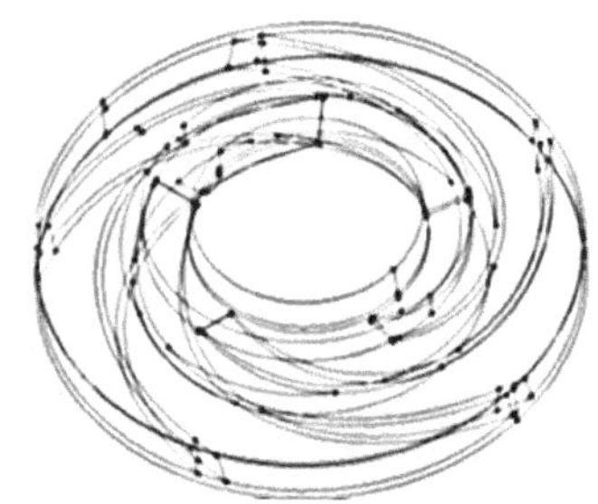

图 7-14　只显示点、线的叶轮几何体

(2)Block(块)的建立

为叶轮划分块的思想是先划分一个流道的块，然后生成网格，再旋转阵列网格，并检查网格是否有错误，最后输出网格文件。

① 选择一个流道，建立周期辅助点，创建块。

选择【Blocking】→【】，出现如图 7-15 所示的对话框。在“Part”输入框中将原有文本改为建立块的名称“YL”，选择【】，选流道内的任意两条空间曲线，建立一个名为“YL”的 Block，如图 7-16 所示。

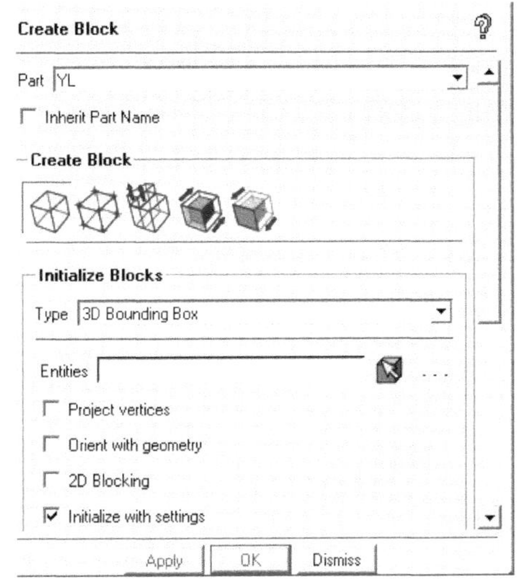

图 7-15　创建 Block 的对话框

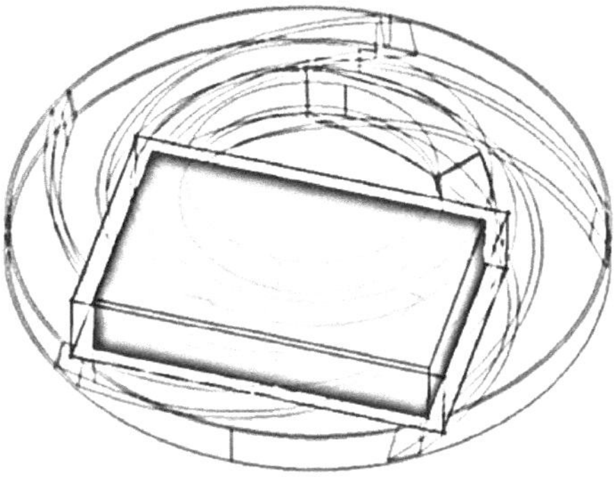

图 7-16　新建 Block 的界面

② 把块上的几个点关联到几何体上，选择【】，出现如图 7-17 所示的关联对话框，选择【】图标。在“Entity”下选中“Point”，选择点到点的关联方式，将块的顶点关联到几何点上，如图 7-18 所示。

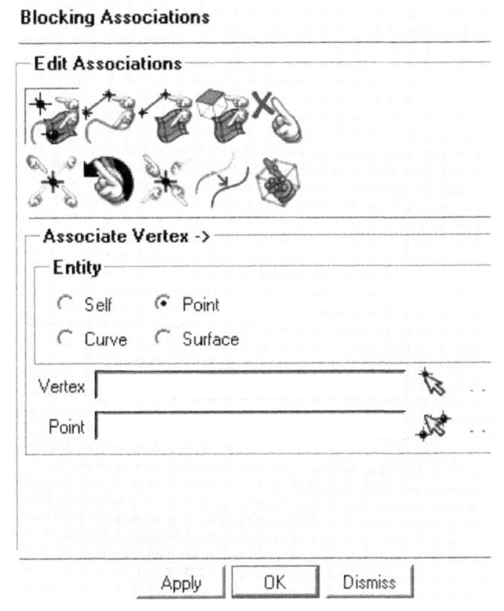

图 7-17　点的关联

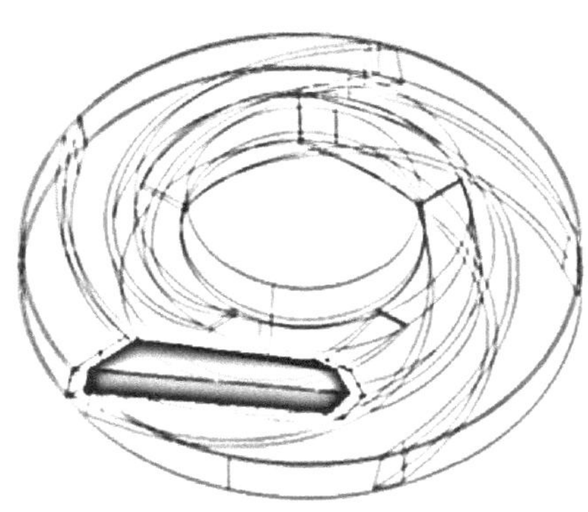

图 7-18　Block 关联几何体后的界面(1)

③ 在现有 Block 的基础上通过拉伸面的方式，建立包含整个流道的完整 Block，如图 7-19 所示。在功能栏里选中“Blocking”标签栏，选择【】(Create Body)→【】[Extrude Face(s))]，完成后如图 7-20 所示。

④ 通过上述方法，把新建的块关联到点上面，如图 7-21 所示。

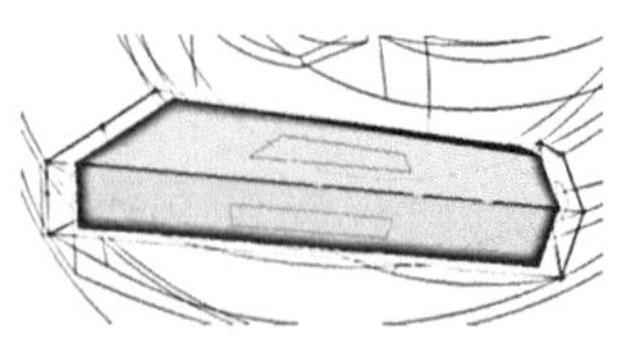

图 7-19　Block 关联几何体后的界面(2)

图 7-20　Block 关联几何体后的界面(3)

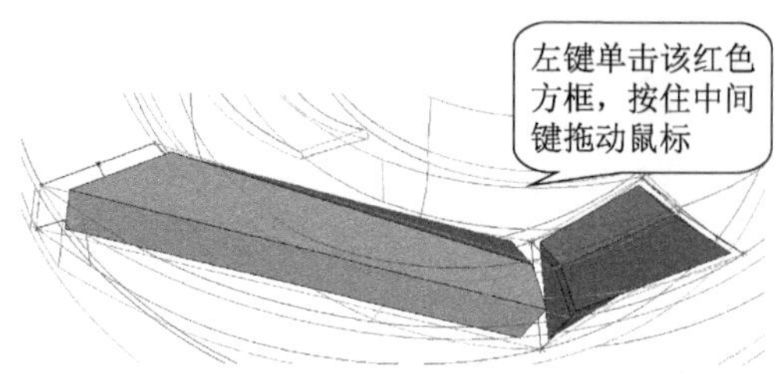

图 7-21　Block 关联几何体后的界面(4)

⑤ 以此类推，通过块的拉伸创建整个流道的块结构，并按上述步骤进行块上点的关联。创建 N 分之一个叶轮流道块，如图 7-22 所示。

⑥ 整体部分的块关联好以后，把需要 Y 剖分、O 剖分的部分进行剖分，这里展示剖分后的块，如图 7-23 所示。

⑦ 关联点之后，需要把 Block 的边和几何体的边相互关联，选择【】图标，如图 7-24 所示。

设置成功后如图 7-25 所示。

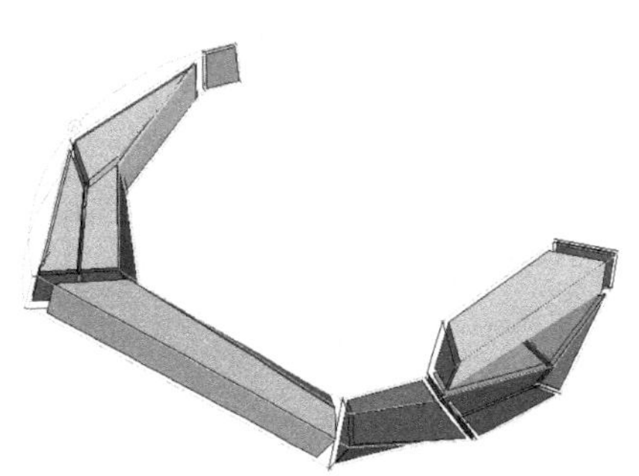

图 7-22　一个流道的 Block

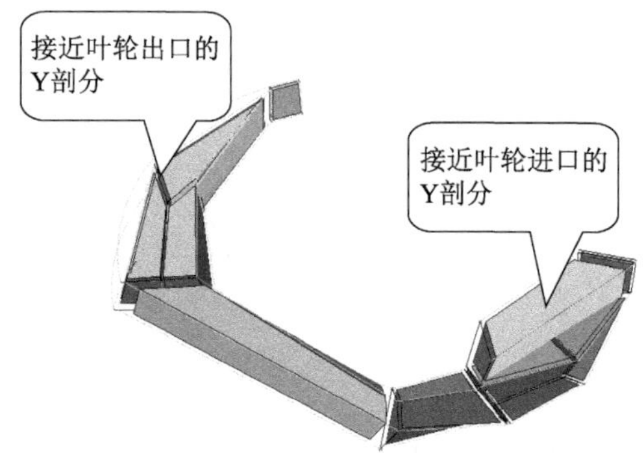

图 7-23　关联好的 Block

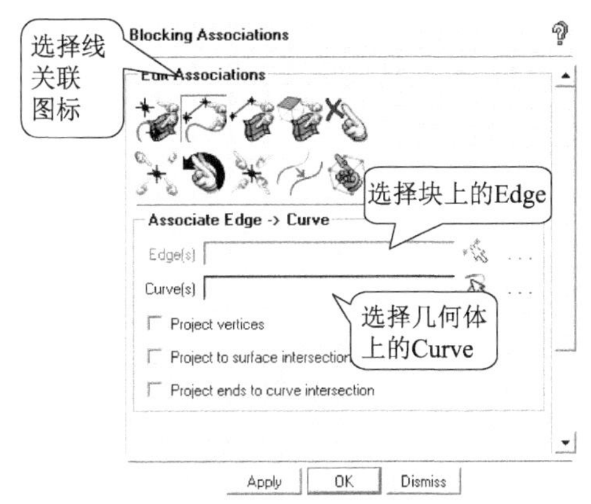

图 7-24　关联选项

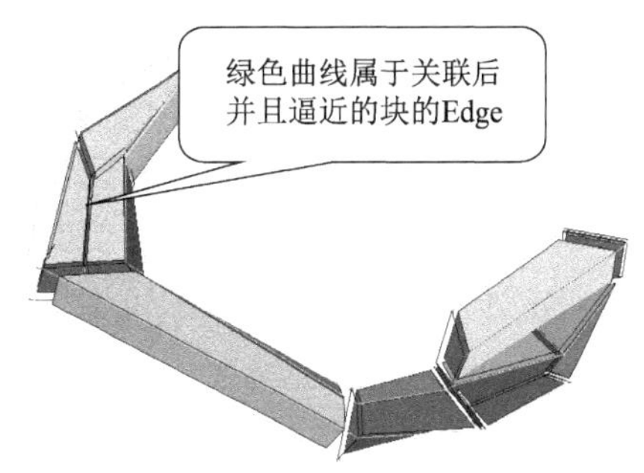

图 7-25　逼近几何体后的块

(3) 对需要 Y 部分、O 剖分的部分的处理

通过上述步骤，把新建的块 Y 剖分，然后把剖分后的块关联到几何体上，点和点关联，线和线关联，面和面关联。通过这些操作，即可实现将几何体的形状投影到块上成为空间六面体网格，也就是通常所说的结构化网格。

需要注意的是，上述方法针对的是单个流道的网格划分方法，而实际需要的是整个叶轮水体的网格，在这里就需要把生成的网格圆周阵列。在阵列之前，生成网格时要把几何体相交处的网格的关联删除，否则相当于叶轮水体多了一部分额外的水流面。

(4) 对关联面的处理

删除周期面关联的操作如下：

① 选择【Blocking】→【 】→【 】，出现如图 7-26 所示的对话框，按图所示操作，出现如图 7-27 所示的界面，单击左键选择交界面，然后单击中键确定。

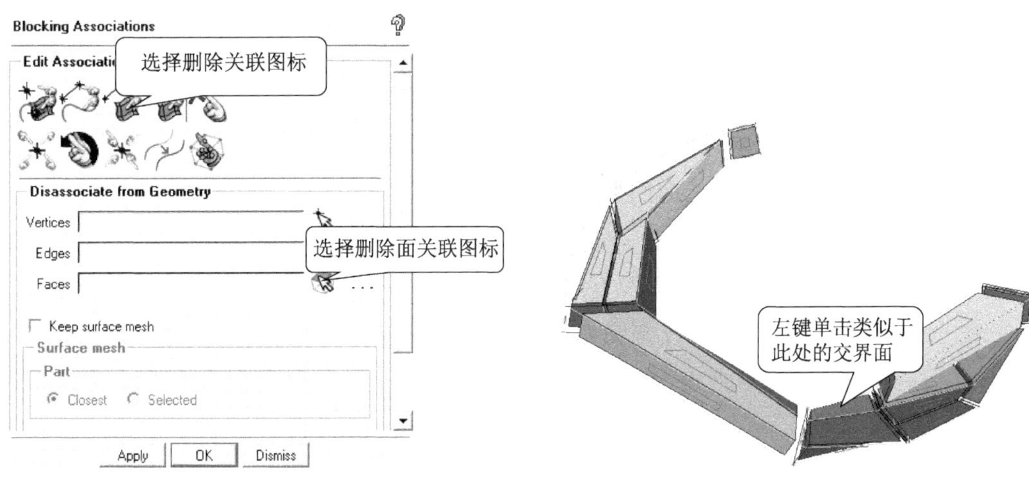

图 7-26　删除关联面选项

图 7-27　删除关联面界面

② 完成以上操作后，需要预览网格，查看是否有明显的关联问题。操作步骤为：选择

【Mesh】→【】→【】,出现如图 7-28 所示的对话框。

需要注意的是,“Scale factor”的值必须为 2 的 N 次方,而“Scale factor”与“Max element”两者之积为最大网格尺寸。

③ 设置好网格尺寸后,设置预览网格,操作步骤为:选择【Blocking】→【】→【】→【OK】。

④ 设置完成后,在模型树下单击【Blocking】→【Pre-mesh】→【✓】→【Yes】,出现如图 7-29 所示的网格界面。

图 7-28 定义网格尺寸

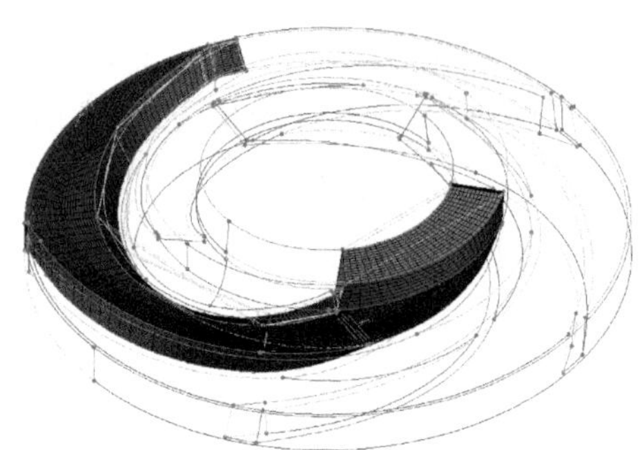

图 7-29 生成预览网格

5. 生成网格

① 检查后若发现网格没有问题,则把预览网格转换成真实网格。操作步骤为:单击模型树中【Pre-mesh】→【右键】→【Convert to Unstruct Mesh】,出现如图 7-30 所示的网格。

② 把生成的网格圆周阵列后,就完成了叶轮水体结构化网格的划分过程。操作步骤为:选择【Edit Mesh】→【】,出现如图 7-31 所示的对话框。

需要注意的是,在上述的操作过程中,当单击选择网格图标后,会出现如图 7-32 所示的选项条,一定要选【】,生成的网格如图 7-33 所示。

③ 生成网格后会出现负体积、点重复等问题,需要检查。操作步骤为:选择【Edit Mesh】→【】→【Apply】。检查后没有问题,即可输出网格。

④ 选择【Output】→【】,出现如图 7-34 所示的对话框,对话框的设置如图所示,单击【Aplly】后在新弹出的对话框中选择【Yes】→【Done】,最后完成叶轮结构化网格的划分与输出。

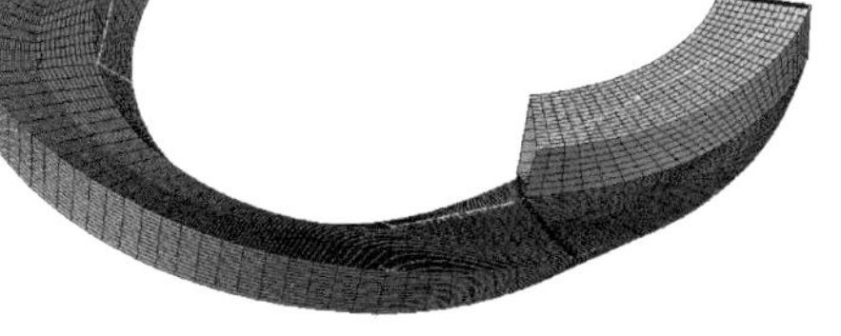

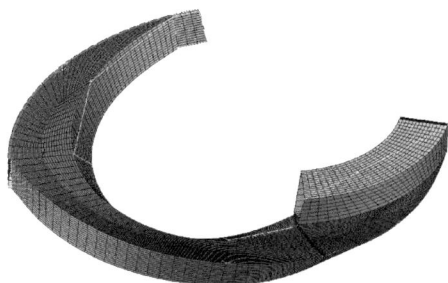

图 7-30　转换为非结构格式的网格

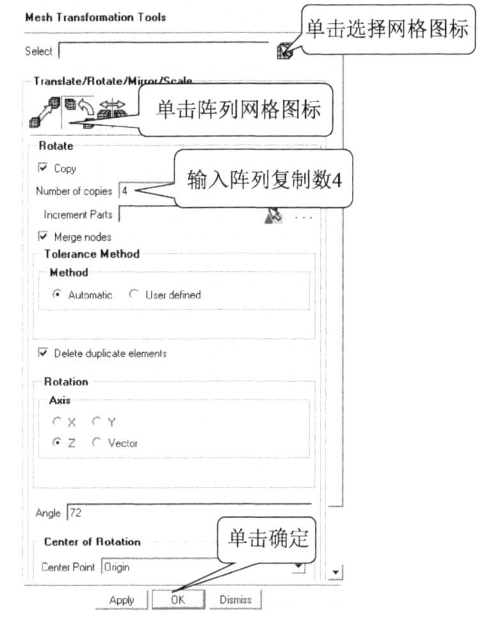

图 7-31　阵列网格的选项

图 7-32　选项条

图 7-33　生成的叶轮网格

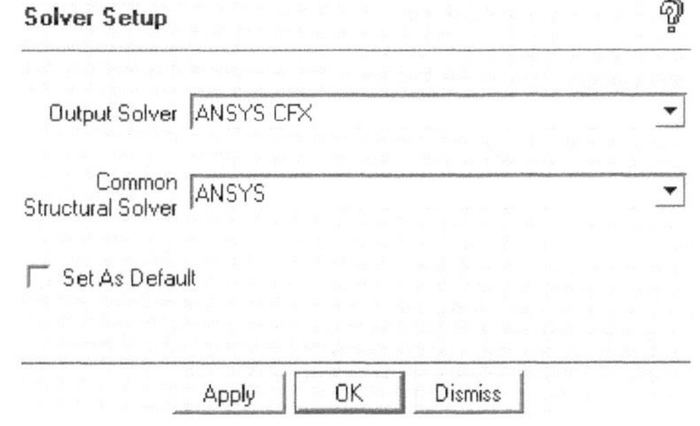

图 7-34　输出网格选项

上述过程中叶轮水体的结构化网格划分中的拓扑思路，仅仅是众多分块方法中的一种，这种方法的好处是容易看懂分块思路，对初学者而言更容易入手结构化网格划分。当然，它也有不足之处，即不能很好地保证叶轮壁面的边界层层数大于 10 层，由于篇幅有限，不再赘述。

7.3　导叶网格划分

1. 导叶的几何体

对于多级泵，叶轮与导叶是最核心的水力部件。对导叶进行结构化网格划分，特别是对于正、反径向导叶，如图 7-35 和图 7-36 所示。

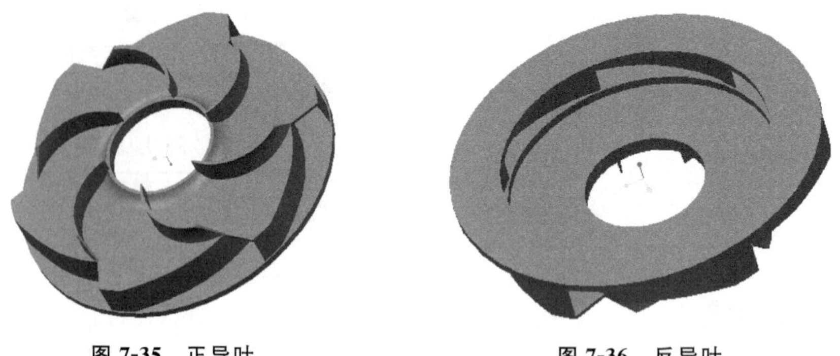

图 7-35　正导叶　　　　图 7-36　反导叶

2. 导叶水体的处理

可以通过把正、反导叶水体(见图 7-37)切割成两部分来划分块。如图 7-38 所示，把正、反导叶的水体切割成两部分来进行结构化网格划分。

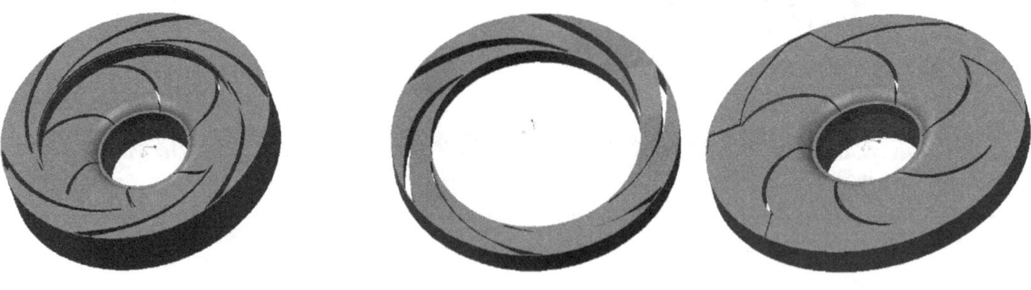

图 7-37　导叶水体　　　　图 7-38　正、反导叶水体

3. 导叶 Part 的定义

前面已讲解了怎样定义叶轮 Part，这里不再展示操作过程。导叶 Part 如图 7-39 和图 7-40 所示。

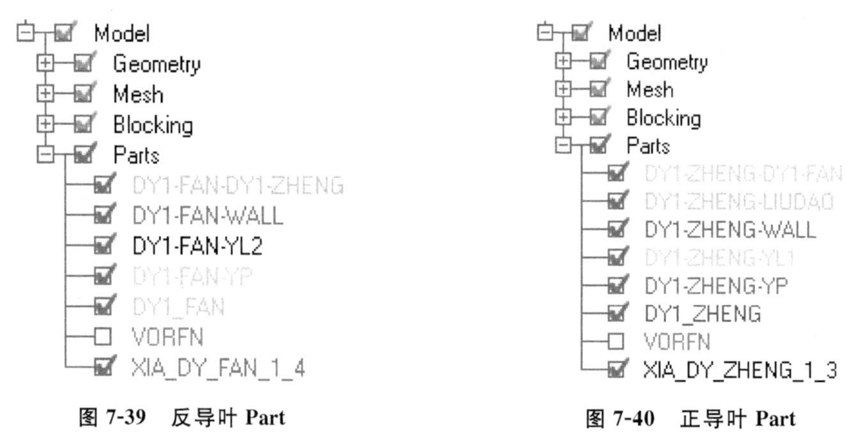

图 7-39　反导叶 Part　　　　图 7-40　正导叶 Part

4. 导叶块的建立

在叶轮部分已讲解了怎样建立块，这里需要强调的是导叶块的划分，如果正导叶的出

口角过小，按照 7.2 节中叶轮块的划分方法，在正导叶的出口位置，网格的质量会比较差。这里提供一种较好的改进方法，图 7-41 所示为用 7.2 节叶轮分块的思路划分的正导叶的块，而图 7-42 所示为改进后的正导叶的块的划分方法。可以很明显地看出，在进、出口位置网格质量能够得到很好的改进。

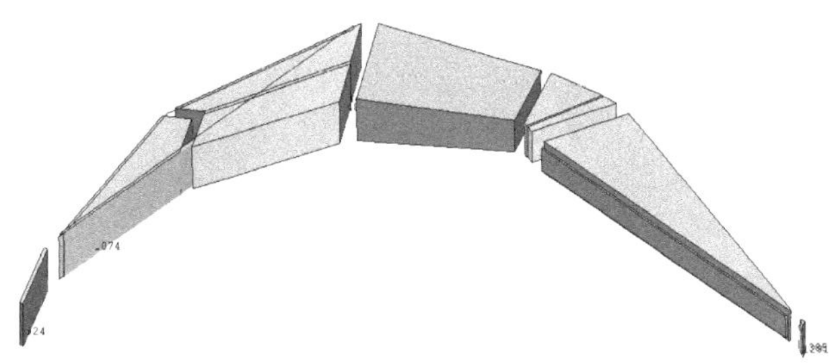

图 7-41　正导叶 Block1

图 7-42　正导叶 Block2

反导叶的块的划分比较常规，这里提供一种常规的分法，分块如图 7-43 所示。

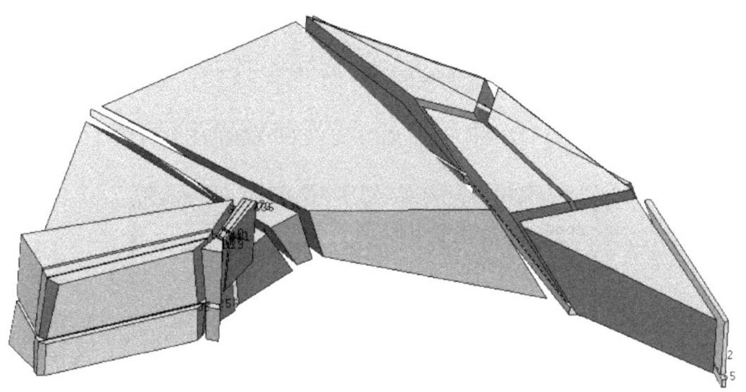

图 7-43　反导叶 Block

5. 导叶网格的生成

导叶网格的划分按照 7.2 节叶轮网格的划分操作，得到如图 7-44 和图 7-45 所示的正、反导叶的网格。

图 7-44 正导叶网格

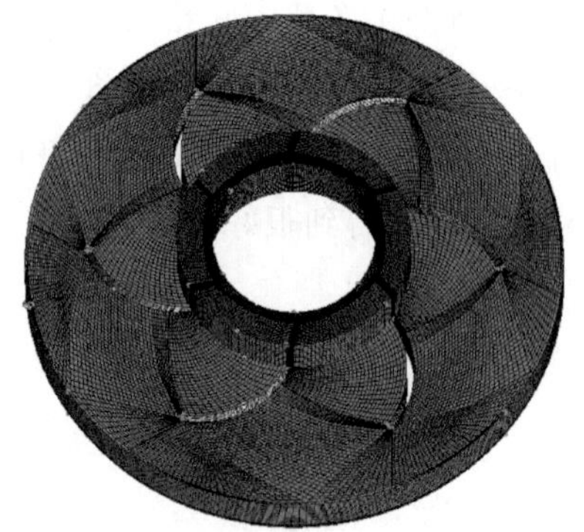

图 7-45 反导叶网格

根据以上操作，对其他过流部件的水体部分进行结构化网格划分，得到整个流道的水体网格装配。在以上操作中，一定要注意的是网格划分结束后要检查是否有错误，比如负体积、网格节点不相交、网格加密程度不够等。上述这些问题如果不能够一一处理好，就会对计算的结果产生影响，甚至在计算之前就会在 CFX 中报错，这会影响整个数值计算的效率。

后面几级的叶轮和导叶也按上述同样的步骤划分网格。

7.4 CFX 的前处理

完成整体网格的划分并检查没有错误后，就可以把 ICEM 中导出的 .cfx5 文件导入 CFX 中，进一步检查几何体网格的划分正确与否。方法如下：

1. 导入网格文件

① 选择【开始】→【所有程序】→【ANSYS 14.5】→【Fluid Dynamics】→【CFX 14.5】，打开软件以后，首先定义工作目录，然后打开 CFX 前处理组件，操作如图 7-46 所示。

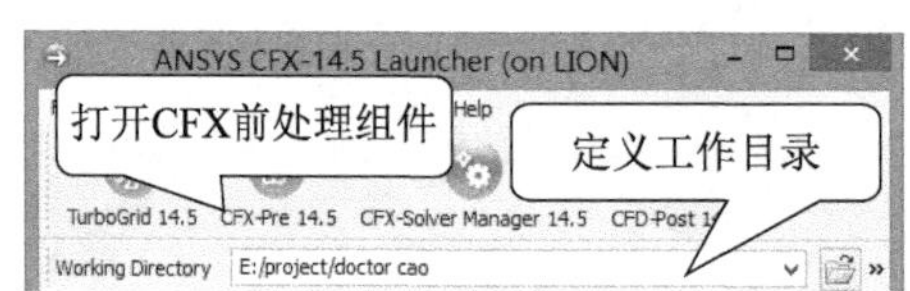

图 7-46 前处理选项

② 打开前处理组件后选择新建文件，操作步骤为：选择【 】→【General】→【OK】→【OK】。

③ 在新建文件后，需要把导出的网格文件 .cfx5 导入前处理组件中，操作步骤为：在窗口左侧的模型树中选择【Mesh】→【Import Mesh】→【ICEM CFD】，弹出如图 7-47 所示的窗口，在单位选项中建议使用默认选项“mm”，导入网格文件 .cfx5 时可以按住【Ctrl】键不放，一次选择所有文件，然后单击【Open】。

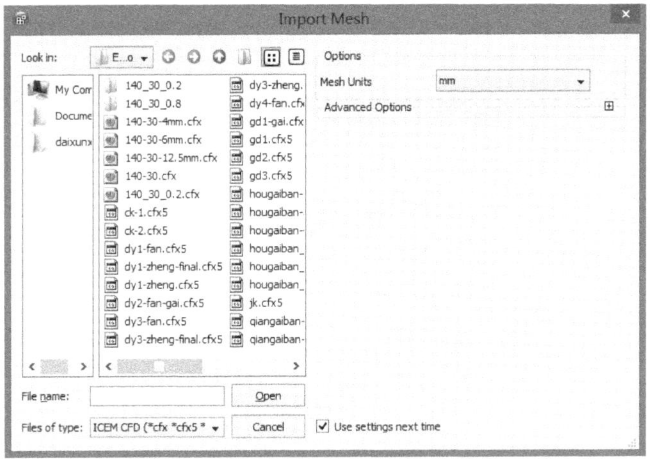

图 7-47　前处理选择窗口

④ 导入全部网格后，网格的装配图如图 7-48 所示。

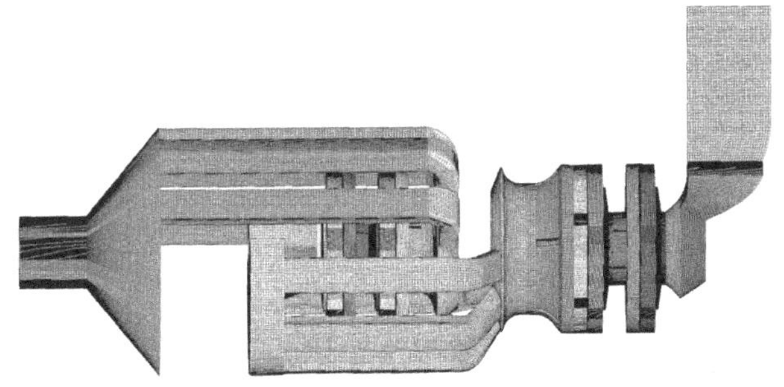

图 7-48　网格装配

2. 生成域

① 导入网格成功后，需要对导入的网格定义流动域及边界条件。

定义流动域的操作为：选择【 】，弹出如图 7-49 所示的窗口，输入流体域的名称，单击【OK】，弹出如图 7-50 所示的窗口。

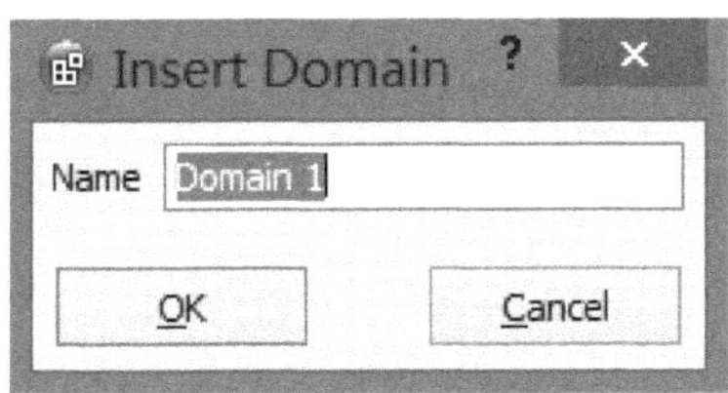

图 7-49　命名域窗口

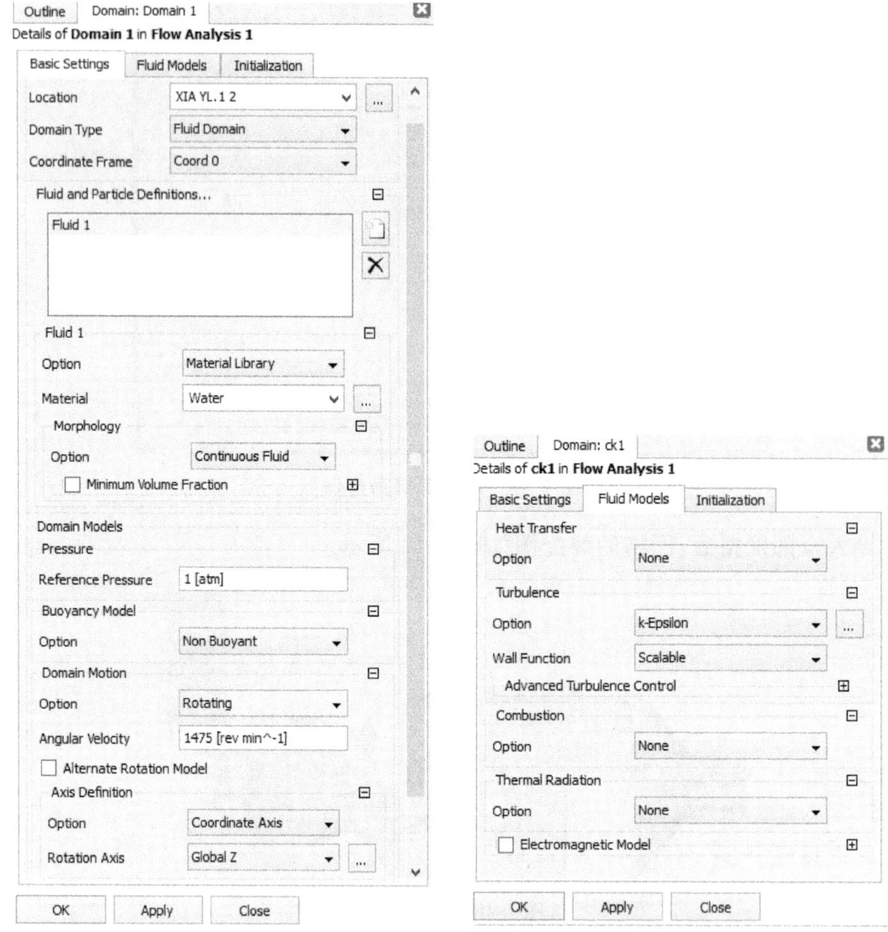

图 7-50　定义域窗口

② 在"Location"的选项中选择要定义的几何体，在"Domain Type"的选项中选择流体域，在坐标系的选项中选择默认，流体介质选择水，参考压强选择一个大气压，由于域是旋转的，选择速度按右手定则定义，并定义旋转轴，湍流模型选择 k-ε 湍流模型或其他需要选择的湍流模型，完成后单击【OK】。

③ 按照与上述类似的操作步骤给所有的流体域定义属性，叶轮水体定义为旋转流体域，导叶水体定义为静止(不旋转)流体域，其他部件以此类推。

定义了流体域后，才能定义交界面，即流体域和流体域之间的交界面。这个交界面在实际中是不存在的，只是画网格和定义流体域需要把流体域分成各个区域，但在计算中，这些交界面是有数值传递误差的，通过定义交界面上网格节点的数值传递方式，可以尽量减小这种误差。

④ 定义交界面的操作步骤为：选择【】，弹出如图 7-51 所示的窗口，在该窗口中定义交界面的名称，选择【OK】，出现如图 7-52 所示的窗口。

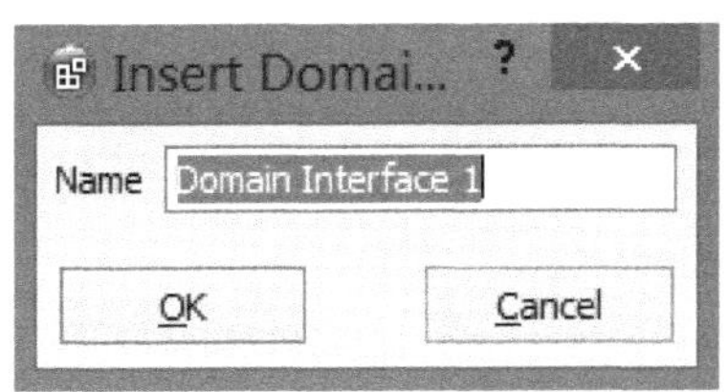

图 7-51　命名交界面窗口

⑤ 在交界面类型中选择流体域与流体域的交接，在交界面模型的选择中，如果是动静或动动流体域的交接，则需要选【Frozen Rotor】→【Specified Pitch Angles】→【360[degree]】→【360[degree]】，而如果是静静流体域的交接，选项则如图 7-52 所示。

图 7-52　定义交界面窗口

按照上述方法定义完所有的交界面后，需要定义流体域的进、出口及壁面属性。流体域的装配有总的进口(inlet)，即水流入多级泵的入口，同时也有总的出口(outlet)，即泵的出口。除此之外，还有流体与叶轮、导叶及泵壁接触的位置，这些都可以定义为 wall。通过这些正确的定义，CFX 才能识别流体域中所包含的叶轮与导叶的运动状况，从而计算出通过多级泵的流体的流动状态。

⑥ 定义壁面及进、出口的操作步骤为：选择对应流体域【ck1】并单击右键选择【Insert】→【Boundary】，弹出如图 7-53 所示的窗口，输入流体边界的名称，单击【OK】，

弹出如图 7-54 所示的窗口。

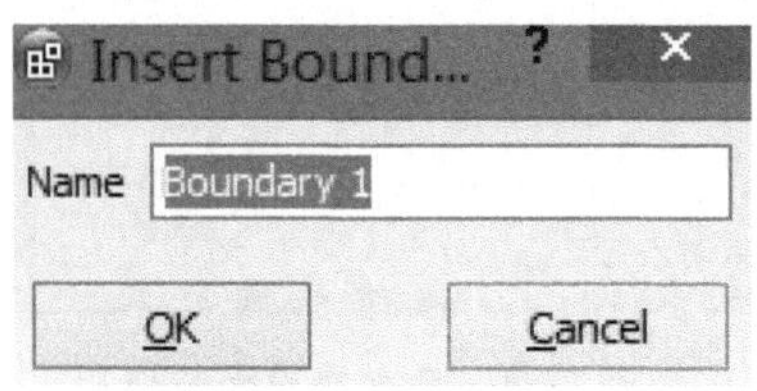

图 7-53　命名边界窗口

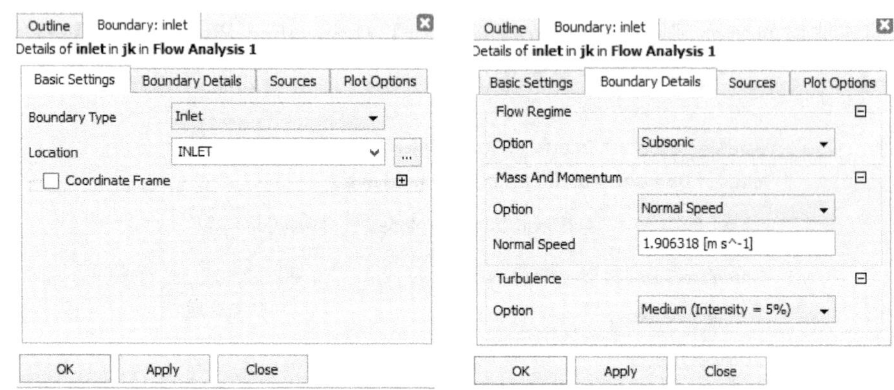

图 7-54　定义边界窗口

⑦ 定义边界类型，可以是进口、出口或者壁面，相应选择【Inlet】、【Opening】或【Wall】。

这里的出口之所以不选择【Outlet】，是因为在真实的泵的出口是会有回流出现的，特别是在小流量的情况下，回流会更加明显。在这样的背景下，如果出口选择【Outlet】就代表没有回流，这在泵的流动中是不符合实际情况的，因此选择【Opening】，表示有回流产生，这是符合流动规律的。

⑧ 选择了进、出口的边界类型后，接下来选择边界位置，同时需要定义进口速度和出口压强，其他的选项选择默认，单击【OK】。

⑨ 定义壁面边界条件，如图 7-55 所示，边界类型选择【Wall】，位置为下拉菜单中的选项。这里需要注意的是，可以按住【Ctrl】键同时选择多项。壁面在这里设置的是无滑移的，壁面粗糙度为 0.05 mm。

需要说明的是，实例中的 0.05 mm 是根据泵的铸造工艺来定义的。如果铸造工艺为精密铸造，壁面粗糙度可以选择 0.025 mm，而一般的铸造，0.05 mm 的壁面粗糙度是可以接受的。

⑩ 通过以上设置，定义装配水体的流体域、交界面、边界条件后，还需要定义 CFX 的计算条件。

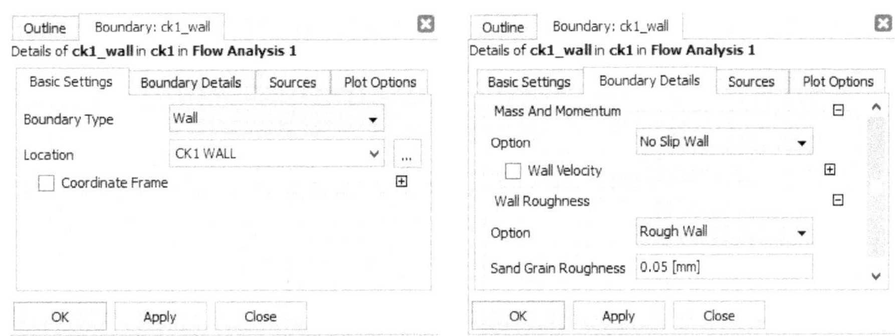

图 7-55　定义壁面边界条件窗口

在模型树中选择【Solver】→【Solver Control】，弹出如图 7-56 所示的窗口。这里需要注意的是，定义的最大迭代步数一般在 1000 步以上，而收敛残差建议为 10^{-5}，甚至更小，只有这样才能保证计算的准确性。

⑪ 定义了计算条件后，还需要定义监测窗口的曲线意义，一般定义进口压强、出口压强及扬程。

操作步骤为：选择【Output Control】→【Monitor】，弹出如图 7-56 所示的窗口，单击【 】，在“Option”中选【Expression】，在表达式中输入 massFlowAve(Total Pressure)@inlet，表示监测进口处的平均质量流量的总压。

采用相似的步骤，定义出口监测为 massFlowAve(Total Pressure)@outlet，扬程为(massFlowAve(Total Pressure)@outlet－massFlowAve(Total Pressure)@inlet)/g/1000 [kg m^－3]。

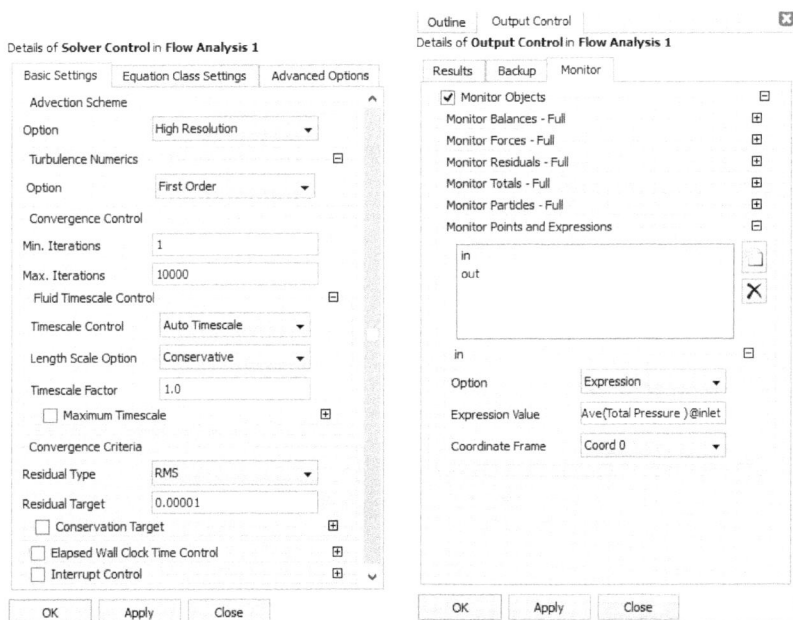

图 7-56　定义计算条件窗口

3. 开始计算

选择【 】→【Save】,弹出如图 7-57 所示的窗口,需要定义计算文件的目录,同时定义是否并行计算,然后选择【Start Run】。

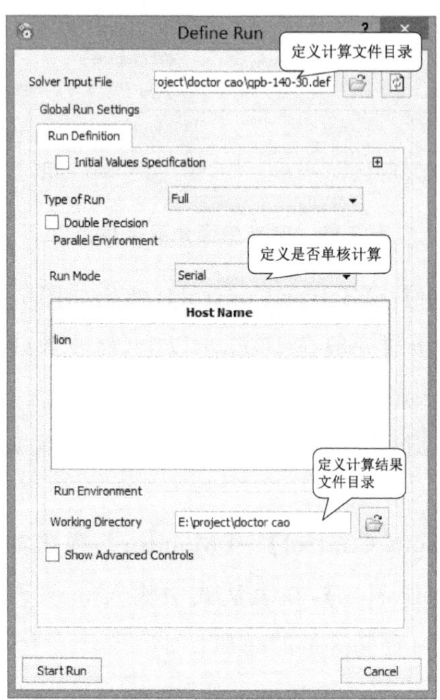

图 7-57　开始计算窗口

7.5　计算

上述过程即为 CFX 前处理和开始计算的过程,接下来会弹出如图 5-58 所示的计算收敛窗口,当求解器达到 10^{-5} 的收敛精度或者达到最大收敛步长时就会自动停止求解,同时在结果文件目录下会生成 . res 结果文件,下一节将具体讲解怎样对结果文件进行后处理。

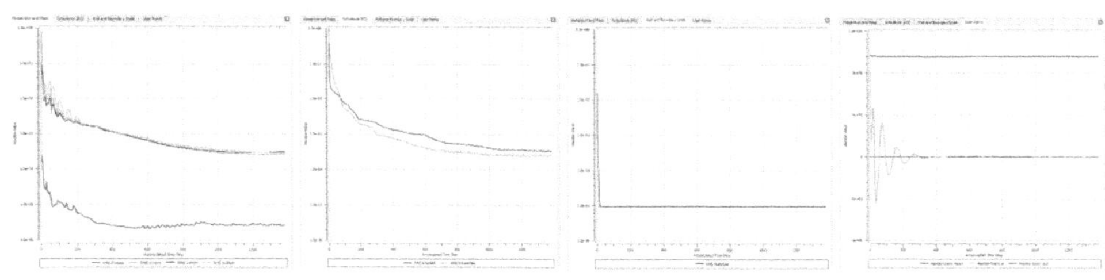

图 7-58　计算收敛窗口

7.6　CFX 的后处理

前面几节讲了结构化几何体的结构化网格划分和 CFX 的前处理,接下来将具体讲解

CFX 的后处理的一些操作步骤。

1. 外特性结果提取

① 首先提取外特性结果，进行数值模拟计算就是为了通过计算得到和试验相近的结果，所以一般会提取整泵转子部件的转矩、受力，分析其功率上是否很好地平衡，通过对比不同方案的结果，验证方案的正确性。具体步骤为：选择模型树中的【Calculators】，弹出如图 7-59a 所示的窗口，单击【Function Calculator】，弹出如图 7-59b 所示的窗口。从图 7-59b 中可以看出，窗口的下半部分分为下拉菜单选择栏和结果显示栏，最下面部分有两个可选部分，"Clear previous results on calculate"表示每次提取结果时清除上次的结果，建议不勾选，"Show equivalent expression"表示显示提取结果的算术表达式，建议勾选，这样可以检查提取的结果是不是自己想要提取的结果。

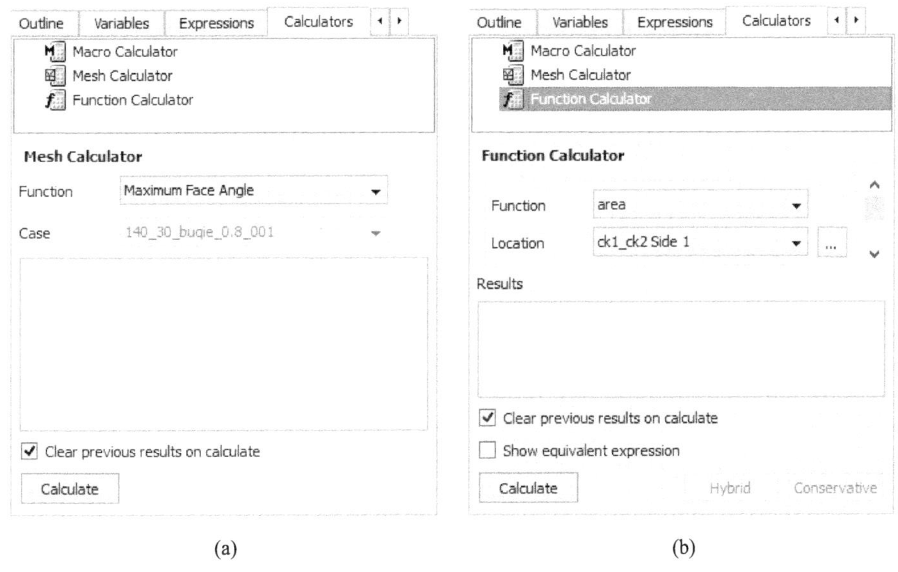

(a)　　(b)

图 7-59　结果提取窗口

② 在提取结果的下拉菜单选择栏中，"Function"表示提取结果的计算类型，"Location"表示提取结果的位置，"Variable"表示提取结果的类型。从下拉菜单来看，"massFlowAve"表示的是提取对面上进行积分的平均值，适合提取面的结果，比如进、出口面的总压值；"torque"表示的是提取转子部件旋转面上的扭矩，通过计算可以得到叶轮的水力功率；对于轴向力，可以通过旋转"force"来提取。

③ 对于本书中的多级泵，我们关心的是泵的扬程、功率及效率，而提取叶轮的进、出口压力及扭矩就可以计算其扬程、功率及效率。具体操作步骤为：首先选择提取结果的计算类型【massFlowAve】，提取结果的位置【inlet】，以及提取结果的类型【Total Pressure】，其他默认，单击【Calculate】得到如图 7-60 所示的进口总压的结果。采用相似的步骤，可得到出口总压的结果。

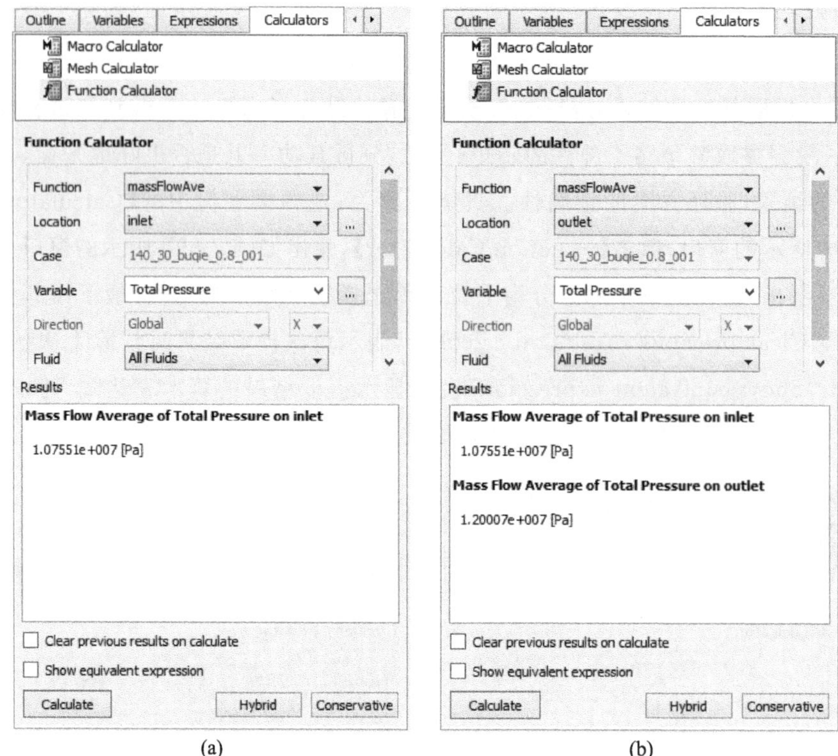

图 7-60　提取进、出口总压窗口

④ 提取了整泵的叶轮进、出口的总压后，就可以计算出整泵在该工况点的扬程，但要计算其功率和效率，还需要提取叶轮的扭矩。具体操作步骤为：首先选择提取结果的计算类型【torque】，提取结果的位置【yl1_wall】，旋转轴选择叶轮的旋转轴【Z】，其他默认，单击【Calculate】得到如图 7-61 所示的第一级叶轮表面的扭矩结果。采用相似的步骤，通过选择不同转子部件表面，可以得到不同的扭矩，把所有扭矩相加即得到整泵的总扭矩。表 7-1 表示不同转子部件需要提取扭矩的面所代表的意义，这里的盖板水体面为盖板水体所包含的叶轮盖板面。然后就可以计算得到整泵的扬程、功率及效率。

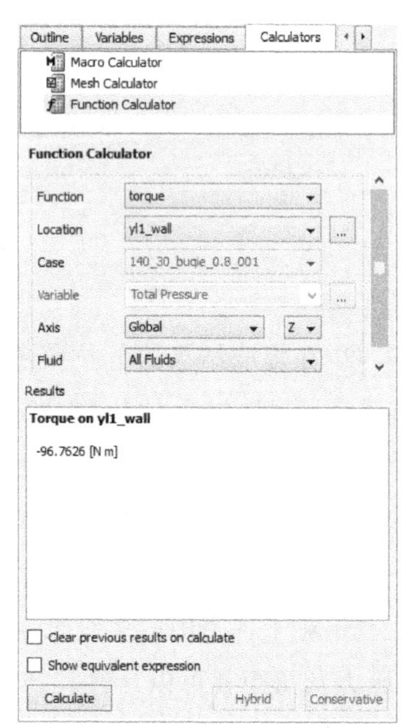

图 7-61　提取转子部件扭矩窗口

表 7-1　提取转子部件扭矩的面

第一级叶轮水体	第二级叶轮水体	第三级叶轮水体	第四级叶轮水体
yl1_wall	yl2_wall	yl3_wall	yl4_wall
第一级前盖板水体	第二级前盖板水体	第三级前盖板水体	第四级前盖板水体
qiangaiban1_wall	qiangaiban2_wall	qiangaiban3_wall	qiangaiban4_wall
第一级后盖板水体	第二级后盖板水体	第三级后盖板水体	第四级后盖板水体
hougaiban1_wall	hougaiban2_wall	hougaiban3_wall	hougaiban4_wall

⑤ 上述过程是分析一种多级泵的叶轮与导叶设计方案是否合理的基本验证方法。而整泵是否设计合理，不仅要看整泵的扬程、功率及效率，还要看整泵转子部件的轴向力是否平衡，如果不平衡，轴向力是多少，选择的承受轴向力的零件的强度是否合理，等等，这些问题都是影响一台多级离心泵安全运行的关键。

这里首先要讲的是轴向力的提取步骤，通过轴向力的提取，分析设计是否合理。

首先，选择提取结果的计算类型【force】，提取结果的位置【yl1_wall】，旋转轴选择叶轮的旋转轴【Z】，其他默认，单击【Calculate】得到如图 7-62 所示的第一级叶轮的轴向力结果。再通过选择不同的位置，得到其他转子部件的轴向力。表 7-2 表示不同转子部件需要提取轴向力的面所代表的意义。最后得到的结果证明本书的多级泵的背对背结构设计基本可以平衡叶轮上的轴向力，尽管还有轴端轴向力没有平衡，但这不是本书要讲的重点，不再赘述。

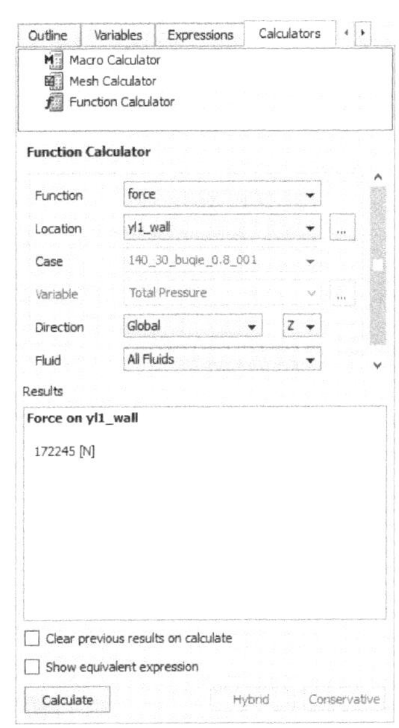

图 7-62　提取转子部件轴向力窗口

表 7-2　提取转子部件轴向力的面

第一级叶轮水体	第二级叶轮水体	第三级叶轮水体	第四级叶轮水体
yl1_wall	yl2_wall	yl3_wall	yl4_wall
第一级前盖板水体	第二级前盖板水体	第三级前盖板水体	第四级前盖板水体
qiangaiban1_wall	qiangaiban2_wall	qiangaiban3_wall	qiangaiban4_wall
第一级后盖板水体	第二级后盖板水体	第三级后盖板水体	第四级后盖板水体
hougaiban1_wall	hougaiban2_wall	hougaiban3_wall	hougaiban4_wall

⑥ 上述过程需要注意的是：首先，尽管提取叶轮扭矩和轴向力的操作非常相似，但请读者不要混淆。其次，有的读者在三维建模时会选择 X 轴或 Y 轴为旋转轴，但在前处理和后处理中，很多时候软件默认的旋转轴为 Z 轴，那么不管是在前处理还是后处理中，读

者都需要特别注意旋转轴的选取，这对准确地计算以及准确计算后的正确后处理有很重要的意义。图 7-63 所示为后处理得到的性能曲线及设计参数的对照。

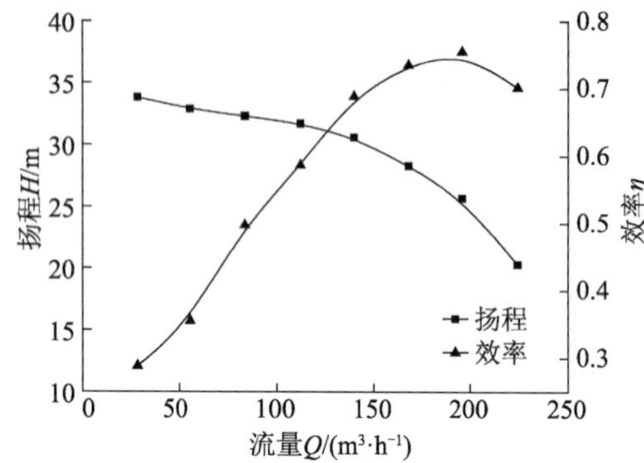

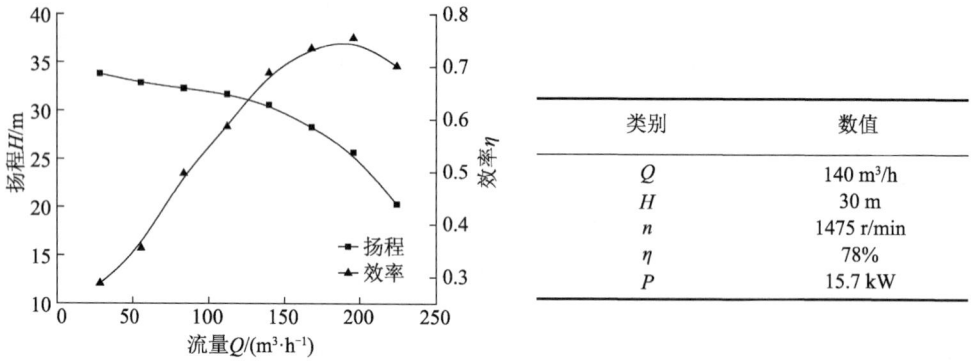

类别	数值
Q	140 m³/h
H	30 m
n	1475 r/min
η	78%
P	15.7 kW

图 7-63　性能曲线图及设计参数

2. 生成流线和动态追踪粒子

在实际的工程实践中，还会分析整泵的内部流场情况，通过分析内部流场的流线，选择使用虚拟的流体质点通过流线流过整个多级泵的动态图像，可以分析叶轮与导叶的设计是否需要改进，以及其他过流部件是否有进一步优化的必要。具体步骤如下：

① 打开后处理组件，选择【 】，出现后处理界面后，选择【 】导入结果文件，后处理界面下模型如图 7-64 所示。

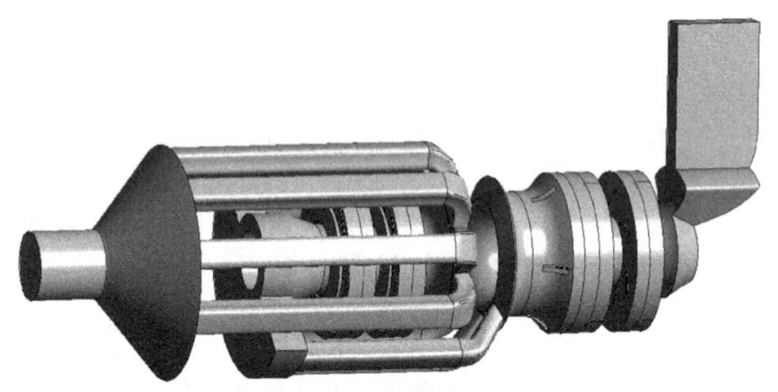

图 7-64　后处理几何体

一般在计算后首先要提取进出口压强、叶轮扭矩等，从而计算出整个泵的单机及整机的扬程、功率、效率等结果，并与设计值和试验值对比，从而判断数值模拟正确与否。从外特性能够判断计算正确与否，也可以通过其他方法来判断。

② 这里介绍通过查看流过过流部件的流体的流线来看出流体的流态，查看空间流线的操作为：选择【 】，出现如图 7-65 所示的窗口，类型选 3D 流线，区域选所有区域，从进口开始，密度选 75，其他都选默认，单击【Apply】，得到三维流线。

③ 在得到流线之后，可以选择粒子通过流线流动的动态粒子生成，操作步骤为：选择【 】，弹出如图 7-66 所示的窗口，选择流线，单击【 】，得到如图 7-67 所示的粒子沿流线流动的视图，同时可以在默认的目录下生成 .wmv 的视频文件。

Details of **Streamline 1**
Geometry | Color | Symbol | Limits
Type: 3D Streamline
Definition
Domains: All Domains
Start From: inlet
Sampling: Equally Spaced
# of Points: 75
Preview Seed Points
Variable: Velocity
Boundary Data: Hybrid / Conservative
Direction: Forward
Cross Periodics
Apply | Reset | Defaults

图 7-65　定义流线窗口

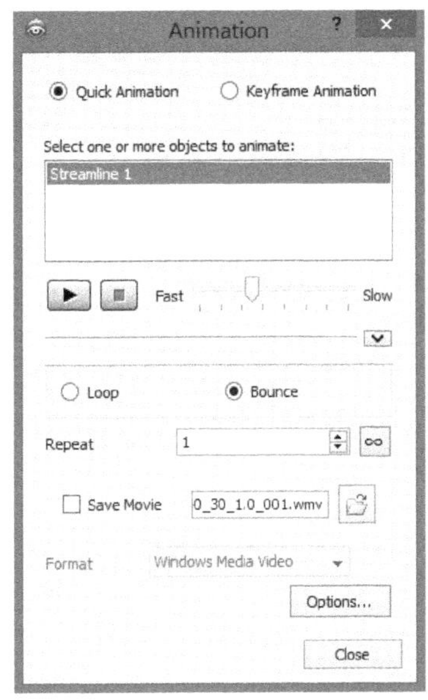

图 7-66　定义动态追踪粒子窗口

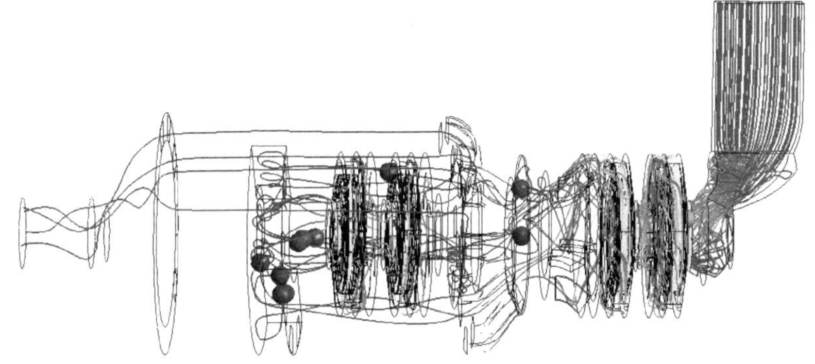

图 7-67　动态追踪粒子界面

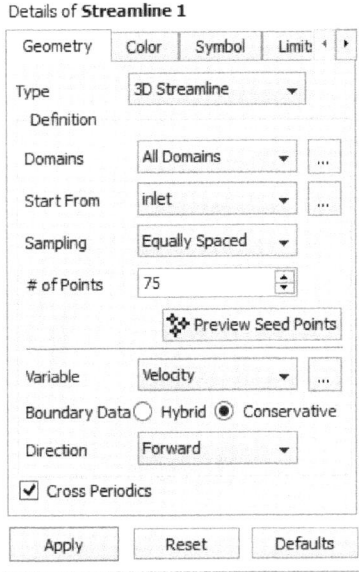

以上操作是对工程上检查模拟是否正确来讲的，但在实际中，还要对总压、静压、速度等梯度场进行分析，以进一步得出模拟正确与否，以及通过这些结果对泵的性能进行优化分析。

3．生成云图

① 选择【 】，弹出如图 7-68 所示的定义名称的对话窗口，单击【OK】，弹出如图 7-69 所示的对话窗口。

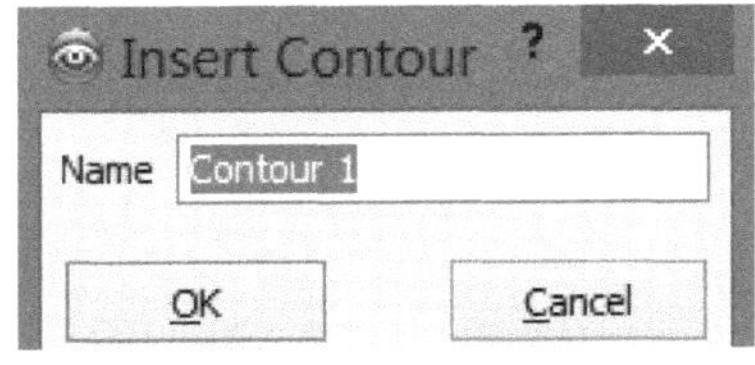

图 7-68　命名云图窗口

② 定义云图区域为需要提取云图的区域，这里选择叶轮水体的流体域，云图提取位置为叶轮水体表面，提取总压云图，单击【OK】，得到如图 7-70 所示的叶轮水体云图。

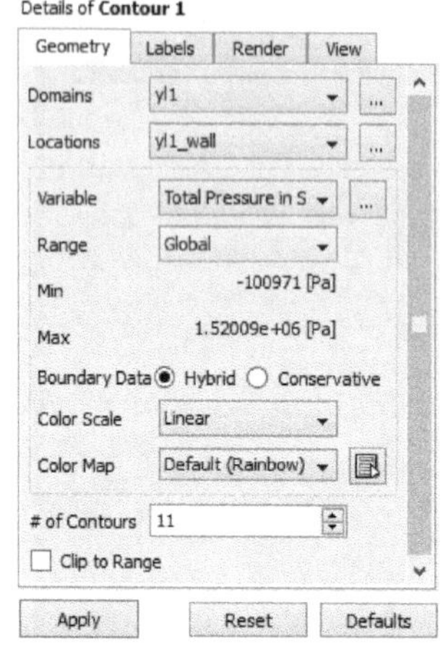

图 7-69　定义云图窗口

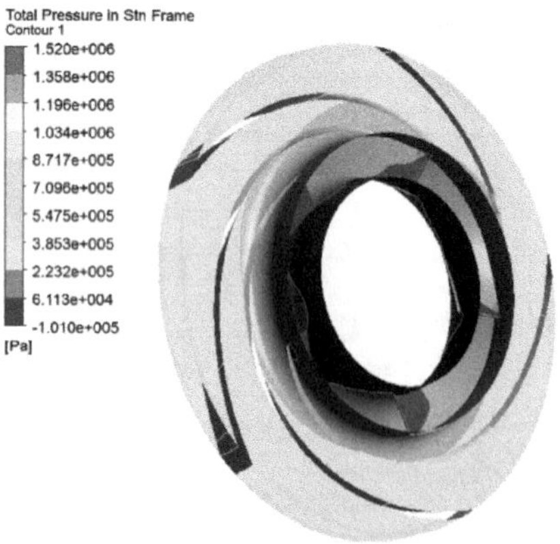

图 7-70　叶轮水体云图

③ 提取静压、速度及湍动能也是同样的选择步骤，只是在“Variable”中选择相对应的静压、速度及湍动能选项，即可得到如图 7-71 所示的云图。

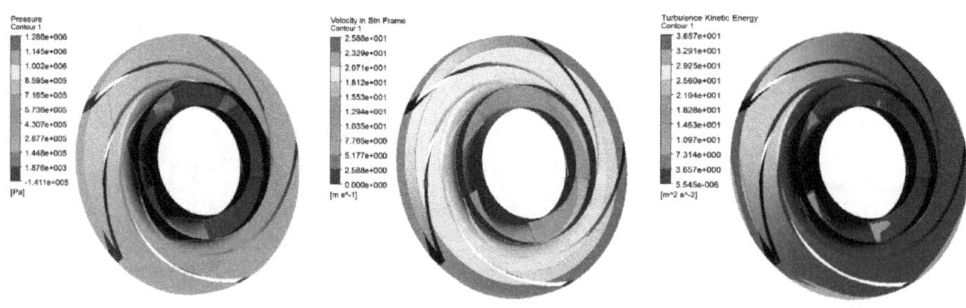

图 7-71　各种云图结果

第8章

基于 CFturbo 的双吸离心泵设计优化方法

双吸泵作为离心泵的一种重要形式，具有扬程高、流量大等特点，在城市给排水、矿山、工厂、灌溉工程和跨流域调水等领域应用广泛。双吸泵的叶轮是由两个背靠背的叶轮组合而成的，轴向力对称平衡。

8.1 双吸离心泵设计

8.1.1 吸水室设计

双吸离心泵通常采用半螺旋形或者准螺旋形吸水室。吸水室的功能是把液体按要求的条件引入叶轮。吸水室中的速度较小，因而水力损失和压水室相比要小得多，但是吸水室中的流动状态会直接影响叶轮中的流动情况，对泵效率也有一定的影响，尤其对泵的汽蚀性能影响较大。对吸水室的要求是：保证叶轮进口有要求的速度场，如速度分布均匀，大小适当，方向(环量)符合要求，水力损失最小。

鉴于液体流过吸水室断面的同时，有一部分液体进入叶轮，断面是从大到小逐渐变化的，外壁是螺旋形的，半螺旋形吸水室与环形吸水室相比，有利于改善流动条件，能保证在叶轮进口得到均匀的速度场。

半螺旋形吸水室(见图 8-1)的平面图和轴面投影图通常采用隔舌所在的断面作为 0 断面，轴面图上表示了各断面的形状和大小。平面图的外形线是根据轴面图外壁到轴线的距离转移到平面图的相应射线上画出来的。吸水室断面的一般变化情况如图中所示，隔舌通常位于与水平线成 45°处，有时增大到 90°，对泵的性能影响不大，但如果再增大其夹角，则性能变差。

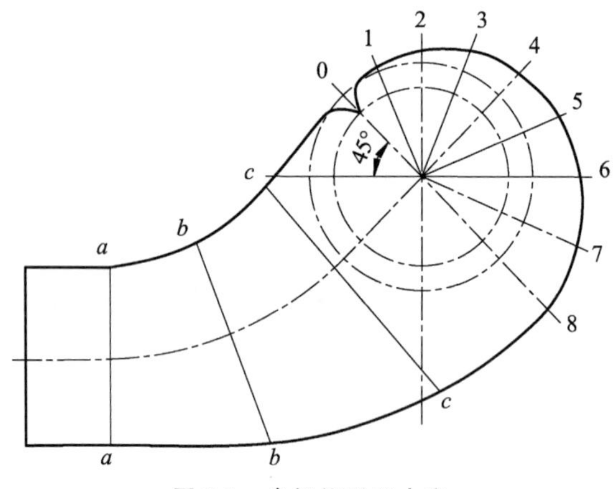

图 8-1　半螺旋形吸水室

半螺旋形吸水室的设计如下：

① 确定各个断面液体的平均流速。

该速度按下式计算：

$$v=(0.7\sim0.85)v_j$$

式中，v_j 是叶轮进口速度。

② 确定各断面面积。

由于泵为双吸离心泵，所以认为通过第 8 断面的流量为$\frac{Q}{2}$，故 $F_8=\frac{Q}{2v}$。其他断面面积与第 8 断面成正比例地减小。

③ 绘制吸水室水力图。

a. 画各断面轴面投影图，通常先画第 8 断面，再画其他断面。各断面的面积应等于计算面积，形状和各部分尺寸应有规律地变化。面积应从隔舌算起，因为隔舌外的环形空间的液体做旋转运动，所以计算面积可不包括在内。

b. 画平面图，将各断面的顶点转移到相应断面的射线上，以圆弧连接各点，即得螺旋形部分的轮廓线。

c. 画进口到第 8 断面的过渡部分的轮廓线时，应考虑泵的总体结构和流动的通顺。

双吸泵半螺旋形吸水室绘型如图 8-2 所示。

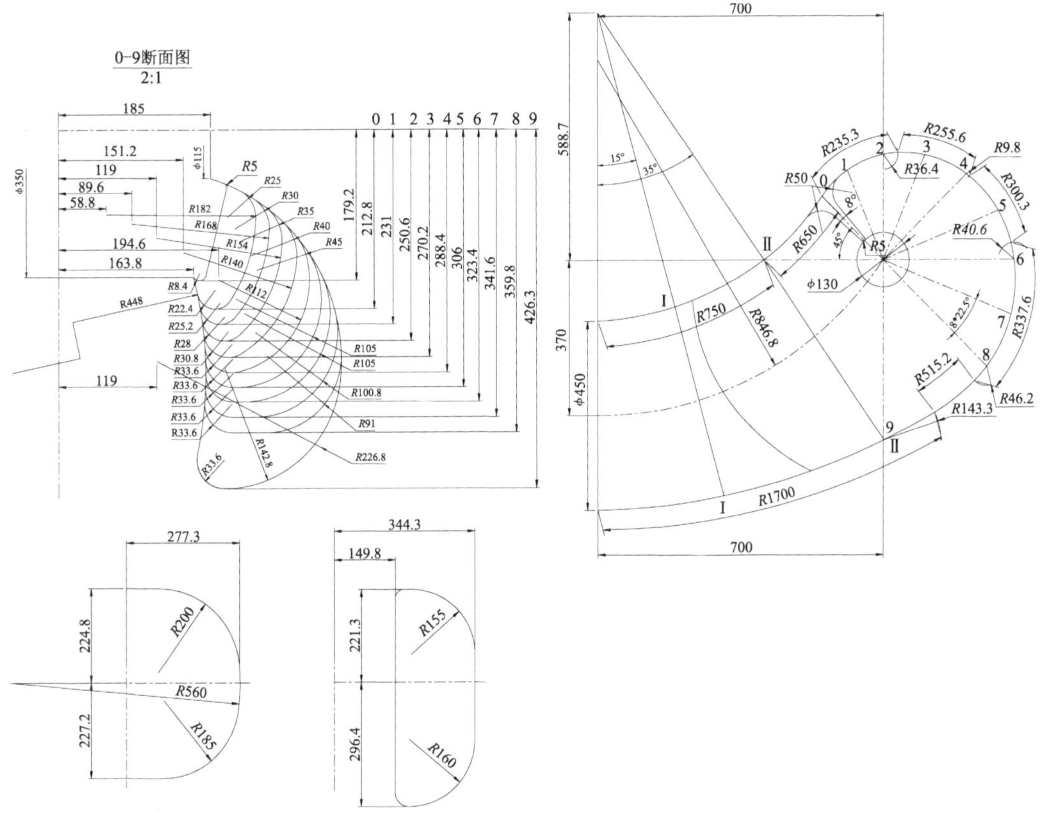

图 8-2　半螺旋形吸水室水力图

8.1.2　双吸叶轮设计

双吸离心泵叶轮设计仅需设计单边叶轮，计算比转速时流量应为$\frac{Q}{2}$，叶轮几何参数设计方法和单级叶轮一样。

8.2　双吸离心泵模型

双吸泵普遍存在小流量工况运行不稳定、大流量工况效率陡降的问题，吸水室和叶轮容易出现二次流、旋涡等现象，导致运行效率较低。提高泵设计工况效率会产生可观的经济效益，以此为基础拓宽双吸泵高效区则对节能减排具有重大意义。因此，对双吸泵进行多工况效率优化具有很高的研究价值。近似模型优化主要是建立优化目标和设计变量间的近似数学模型，优化周期短。

8.2.1　计算模型

以一台比转速为 89.5 的双吸离心泵为优化对象，模型泵的主要几何参数如表 8-1 所示。采用 UG 10.0 软件对模型泵计算域进行三维造型，如图 8-3 所示，计算域主要包括吸水室、双吸叶轮和蜗壳三个部分。

表 8-1 模型泵主要几何参数

参数	数值	参数	数值
设计流量 $Q_d/(m^3 \cdot h^{-1})$	500	叶片出口宽度 b_2/mm	46
设计扬程 H_d/m	40	轮毂直径 D_h/mm	87
额定转速 $n/(r \cdot min^{-1})$	1480	叶轮叶片数 Z	6
叶片出口安放角 β_2/(°)	29.4	叶片包角 $\Delta\varphi$/(°)	143
叶轮进口直径 D_1/mm	192	泵进口管径 D_s/mm	250
叶轮出口直径 D_2/mm	365	泵出口管径 D_d/mm	200

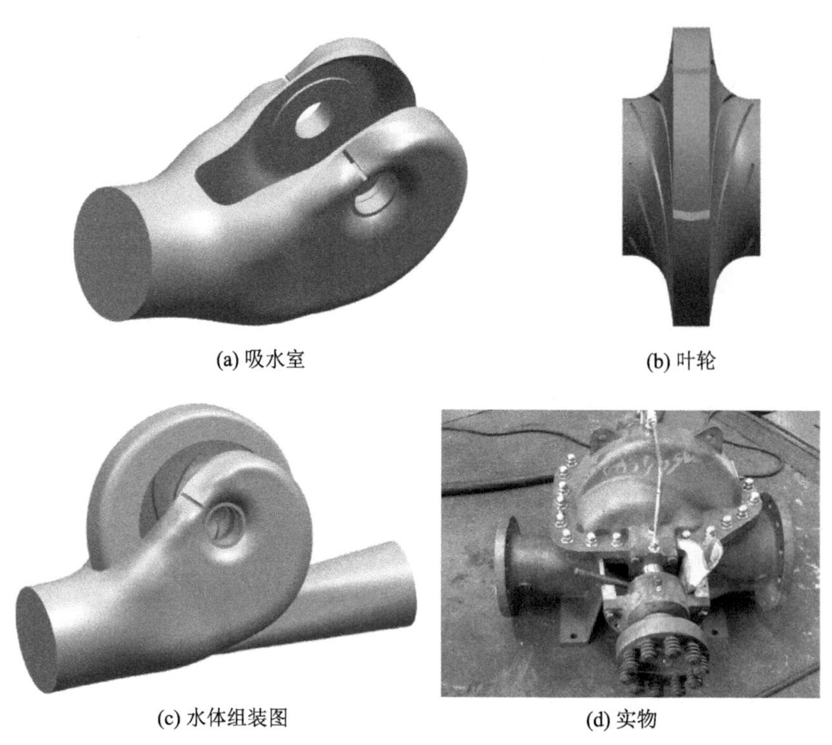

(a) 吸水室　(b) 叶轮

(c) 水体组装图　(d) 实物

图 8-3 模型泵三维造型

8.2.2 双吸离心泵叶轮参数化建模

传统的叶轮设计方法需要消耗大量的人力和时间。为了对双吸离心泵进行更有效、更充分的优化，借助三维水力设计软件 CFturbo 对双吸离心泵叶轮进行三维参数化设计，在 CFturbo 中直接给叶轮几何参数赋值，精确修改叶轮几何形状，大大减少优化时间。目前，CFturbo 还不能直接设计出双吸离心泵模型，但由于双吸离心泵的对称特性，可先根据其水力参数设计出三维模型的一半，再进行镜像处理。

如图 8-4a 所示，CFturbo 参数化设计的第一步是给定双吸离心泵性能参数（包括流量、扬程、转速），由于只先设计双吸离心泵的一半造型，所以流量设置为设计流量的一半，流动介质为 20 ℃的水。然后进行尺寸参数设置，如图 8-4b 所示，分别给定双吸离心泵的轮毂直径、叶轮进口直径、叶轮出口直径和叶片出口宽度(图中分别用 dH、dS、d2、b2 表示),同样,叶片出口宽度设置为设计宽度的一半。

叶轮参数化设计的关键是叶片型线的控制,图 8-5 所示为叶轮轴面投影图,前盖板流线和后盖板流线分别都由一段直线和一段圆弧构成(前盖板流线由直线 DE 和圆弧 $\overset{\frown}{EF}$ 组成,后盖板流线由直线 AB 和圆弧 $\overset{\frown}{BC}$ 组成),直线 DE 和直线 AB 的倾斜角分别由点 3 和点 1 控制,根据双吸离心泵的造型,直线 AB 的倾斜角为 0°(即与 Z 轴垂直),而为了最后的镜像方便,点 A 轴向坐标设为 0(即 $Z=0$)。圆弧 $\overset{\frown}{EF}$ 的角度和半径由点 4 控制,圆弧 $\overset{\frown}{AB}$ 的角度和半径由点 2 控制;叶片进口边位置由四阶 Bézier(贝塞尔)曲线进行调节,固定叶片进口边在前、后盖板的位置,控制点可以自由移动。

图 8-6 至图 8-8 所示分别为叶片安放角参数设置、叶片包角及进口延伸角参数设置和叶片厚度参数设置,CFturbo 自动生成的叶轮三维图如图 8-9 所示。至此,只完成了双吸离心泵造型的一半,还需完成最后一步镜像,尝试了三种方法:

① 将图 8-9a 所示的水体域导入三维软件直接镜像,然后将两部分合并,再将两边进口拉伸到与模型泵相同宽度。

② 将图 8-9b 所示的双吸离心泵叶片导入三维软件中镜像但不求和,如图 8-10a 所示,然后将双吸离心泵的轴面投影图旋转得到如图 8-10b 所示的水体轮廓,最后将这两个图求差,得到双吸离心泵水体图,如图 8-10c 所示。

③ 将图 8-9a 所示的水体域导入三维软件中拉伸到模型泵一半宽度,然后导入 ICEM 软件中划分网格,最后直接在 CFX 中进行镜像合并。

综合考虑时间成本和模型精确度,本章采用第二种方法进行三维造型。

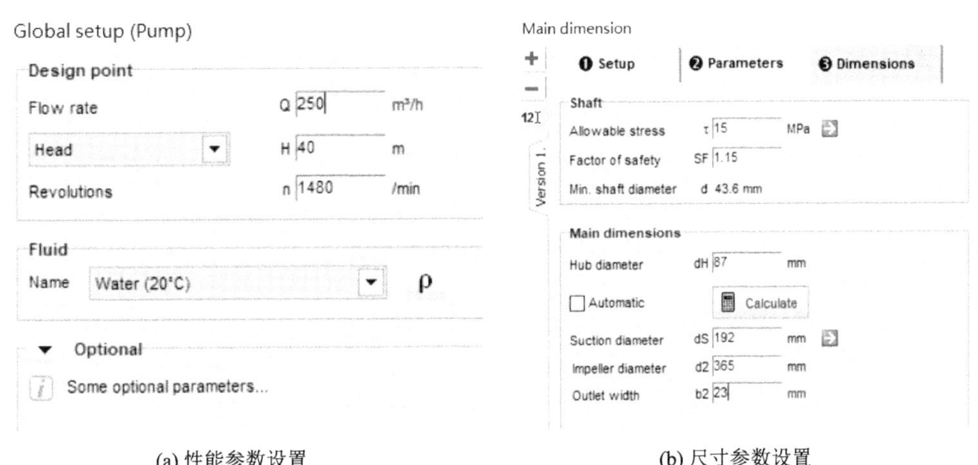

(a) 性能参数设置　　　　(b) 尺寸参数设置

图 8-4　主要性能参数和尺寸参数设置

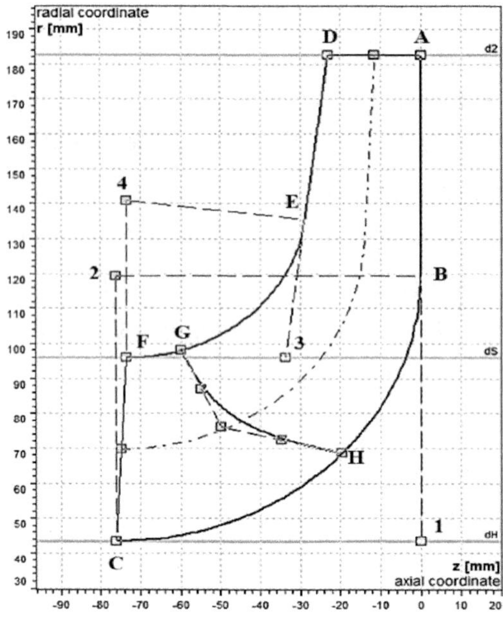

图 8-5　叶片子午面

Span		ßB1 [°]	ßB2 [°]
Hub	1	17.0	29.4
	2	16.5	29.4
Middle	3	16.0	29.4
	4	15.5	29.4
Shroud	5	15.0	29.4

图 8-6　叶片安放角参数设置

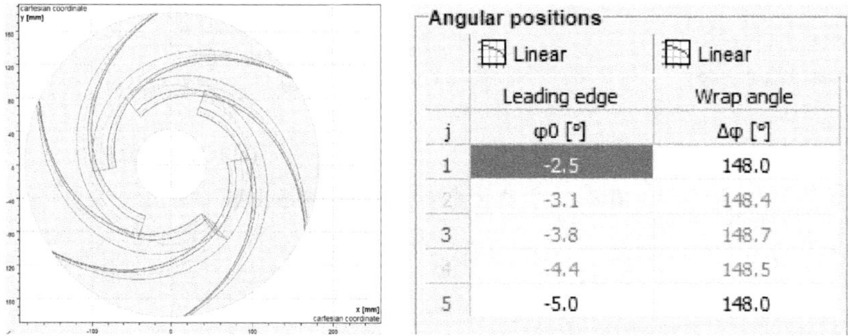

j	Leading edge φ0 [°]	Wrap angle Δφ [°]
1	-2.5	148.0
2	-3.1	148.4
3	-3.8	148.7
4	-4.4	148.5
5	-5.0	148.0

图 8-7　叶片包角及进口延伸角参数设置

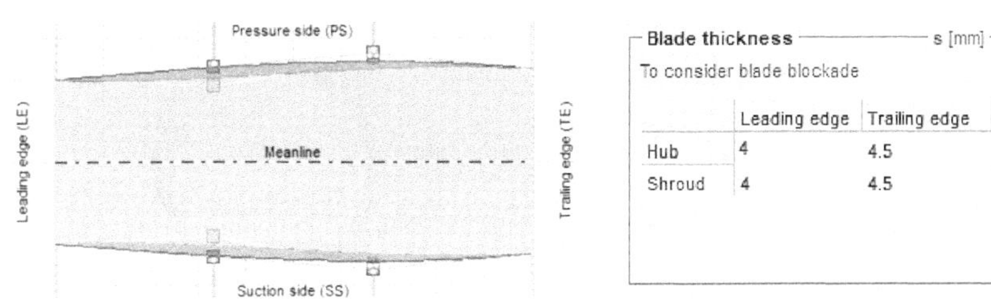

图 8-8　叶片厚度参数设置

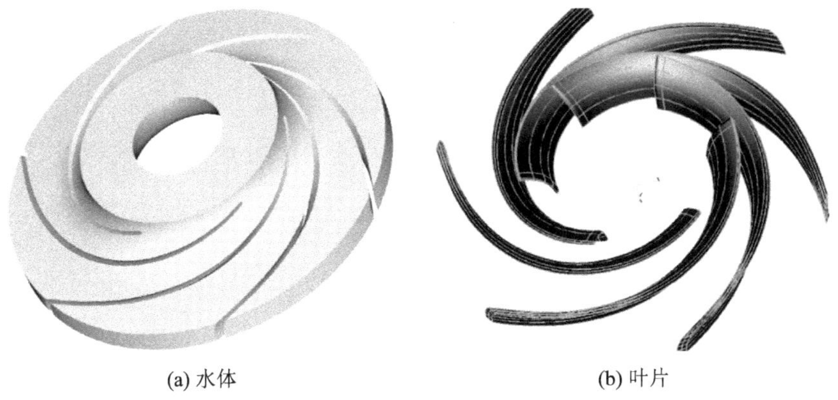

(a) 水体　　(b) 叶片

图 8-9　CFturbo 自动生成的叶轮三维图

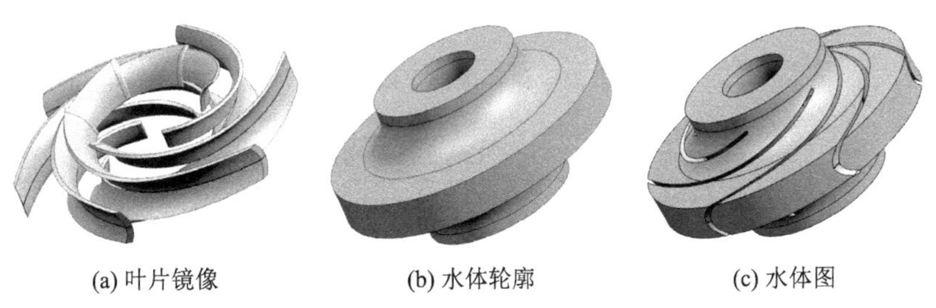

(a) 叶片镜像　　(b) 水体轮廓　　(c) 水体图

图 8-10　双吸离心泵三维造型

8.2.3　计算网格

为了提高数值模拟的准确性，对双吸离心泵吸水室、叶轮和蜗壳进行了六面体结构化网格划分，并根据泵内各部分流态复杂性进行局部加密，最终整个双吸离心泵计算区域网格单元数约为 426 万，检查质量均在 0.6 以上，其网格细节如图 8-11 所示。同时，为了平衡计算精度和计算速度，以效率和扬程为评价指标，对模型泵进行了网格无关性分析，分析结果如表 8-2 所示。为直观地看出不同网格数对效率和扬程影响的大小和规律，将网格方案与对应性能绘制成柱状图，如图 8-12 所示。

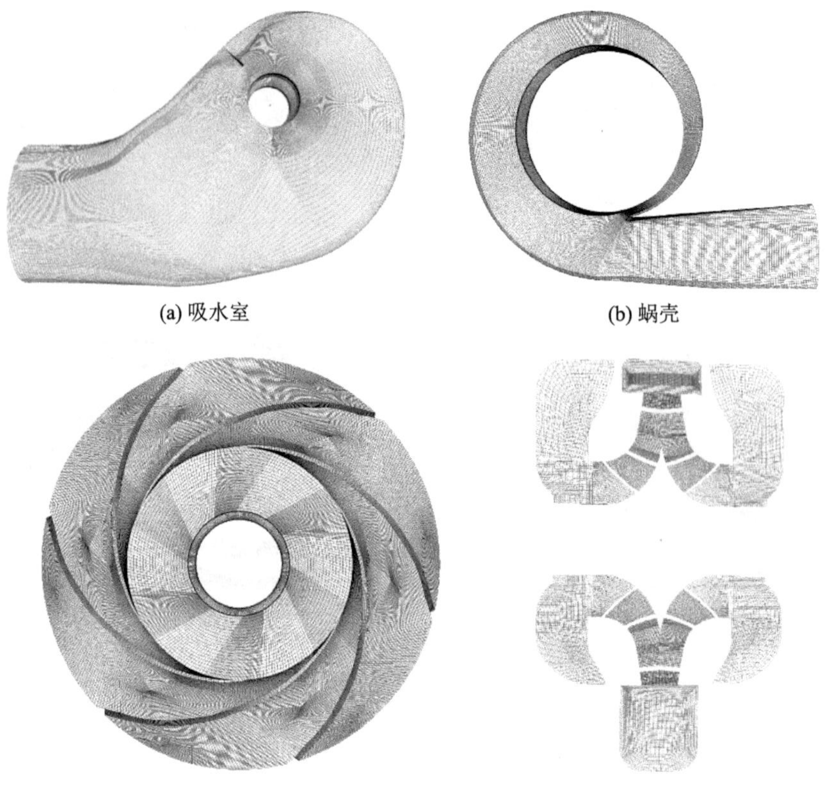

(a) 吸水室 (b) 蜗壳

(c) 叶轮 (d) 中截面

图 8-11 双吸离心泵计算域六面体网格

表 8-2 不同网格数下数值计算结果

测试方案	网格数	扬程/m	效率/%
网格 Ⅰ	2878243	32.57	65.89
网格 Ⅱ	3679342	38.48	73.90
网格 Ⅲ	4266423	40.55	88.01
网格 Ⅳ	4958168	40.54	88.05
网格 Ⅴ	5847757	40.56	88.05

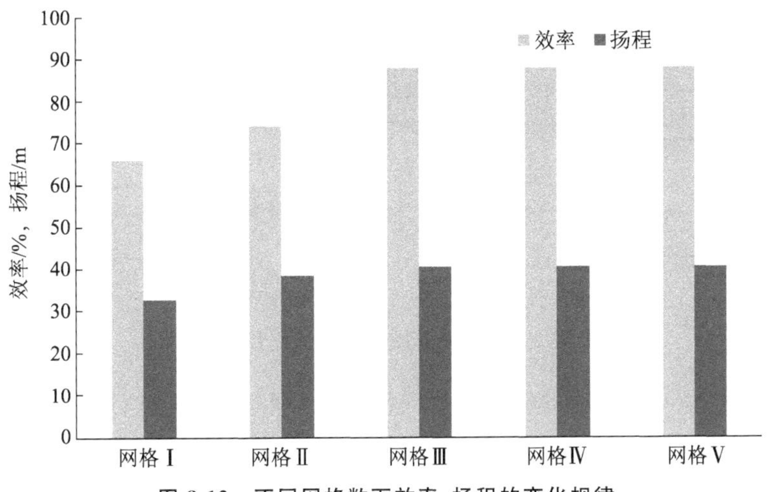

图 8-12　不同网格数下效率、扬程的变化规律

8.2.4　数值模拟设置

本章采用 ANSYS CFX 18 对模型泵内部流动进行数值模拟，其中：流体介质为 25 ℃的水；入口边界采用总压入口；出口边界采用质量流量出口，其大小根据实际工况下的流量换算得到；假设壁面无滑移、光滑且绝热；近壁面的流动采用标准壁面函数描述；叶轮水体域基于旋转坐标系进行计算。

8.2.5　试验验证

测试试验台如图 8-13 所示，其俯视示意图如图 8-14 所示。模型泵的叶轮和蜗壳均为不锈钢材料。

图 8-13　双吸泵测试试验台

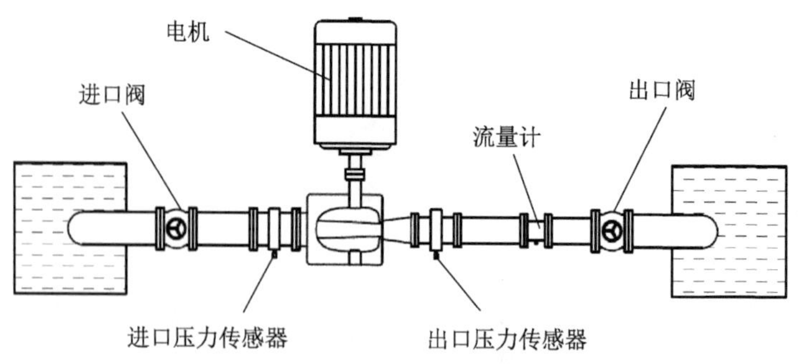

图 8-14 双吸泵试验装置俯视示意图

将模型泵数值模拟得到的扬程、效率曲线与试验得到的扬程、效率曲线进行对比，如图 8-15 所示，模拟扬程曲线和试验扬程曲线基本重合，扬程最大误差不超过 1.2%。小流量工况下，扬程模拟值小于试验值，而随着流量的增大，模拟值开始高于试验值。对比各个工况下的效率，最大误差出现在 1.2 倍设计流量工况下，仅为 2.49%，而额定工况下的效率误差仅为 1.67%。综上所述，各工况下效率和扬程模拟值与试验值的误差均低于 3%，在合理范围之内。

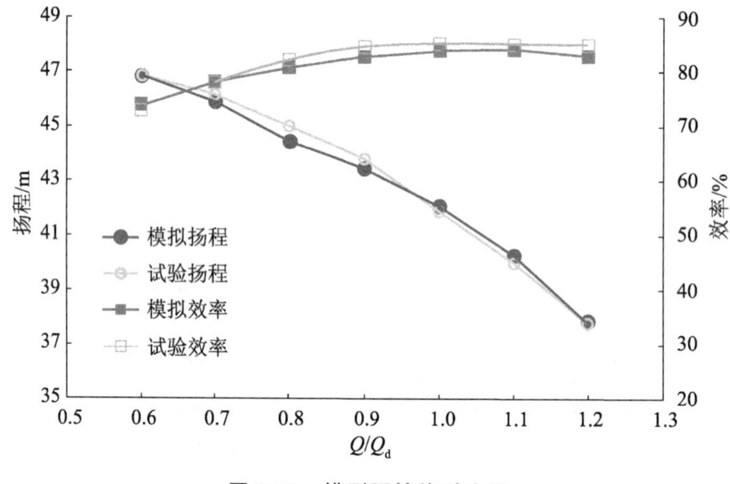

图 8-15 模型泵性能对比图

8.3 基于极差分析的多工况正交优化

为了提高模型泵的效率、拓宽模型泵的高效区，本节选取叶片型线 8 个参数作为优化变量，采用正交试验设计方法获取样本，通过 CFX 对样本进行数值模拟，获取模型泵 3 个流量工况点（0.8Q_d、1.0Q_d 和 1.2Q_d）的效率值，基于极差分析方法得到几何参数对目标的影响大小，并获取各工况下效率最高时的参数组合。

8.3.1 优化变量与目标

为了不改变双吸离心泵叶轮总体形状，只对叶片型线 8 个相关参数进行优化。选取叶轮前盖板叶片进口安放角、前盖板叶片出口安放角、前盖板叶片包角、前盖板叶片进口前缘延伸角、后盖板叶片进口安放角、后盖板叶片出口安放角、后盖板叶片包角和后盖板叶片进口前缘延伸角 8 个叶轮参数作为优化变量。如表 8-3 所示，每个变量各取 4 个值，A～H 为各变量的代号。

表 8-3　优化变量取值　(°)

编号	A $\beta_{1shroud}$	B $\beta_{2shroud}$	C $\Delta\varphi_{shroud}$	D $\varphi_{0shroud}$	E β_{1hub}	F β_{2hub}	G $\Delta\varphi_{hub}$	H φ_{0hub}
1	13	26	139	−5	15	26	139	−5
2	15	28	143	−2.5	17	28	143	−2.5
3	17	30	145	2.5	19	30	145	2.5
4	19	32	148	5	21	32	148	5

8.3.2　正交试验设计

正交试验设计方法可以均匀合理地安排试验方案，减少试验次数，只需给定设计参数个数和水平数，就可以生成相应的正交表。正交表可以表示为 $L_m(n^p)$，其中 m 代表生成的方案个数，n 和 p 分别为设计参数个数和水平数。

针对 8.3.1 节选取的 8 个优化变量及各个变量的 4 个取值，由正交表得到 32 组方案，如表 8-4 所示。将所有方案进行三维造型(CFturbo、UG NX)、网格划分(ICEM)和数值计算(CFX)，获取每组方案的目标值并进行结果分析。

表 8-4　正交试验方案　(°)

方案	A $\beta_{1shroud}$	B $\beta_{2shroud}$	C $\Delta\varphi_{shroud}$	D $\varphi_{0shroud}$	E β_{1hub}	F β_{2hub}	G $\Delta\varphi_{hub}$	H φ_{0hub}
1	13	26	148	−5	17	28	148	−2.5
2	19	28	139	−2.5	21	28	145	−2.5
3	17	26	145	5	21	26	143	−2.5
4	19	32	145	−5	21	28	139	5
5	15	32	139	5	15	28	143	2.5
6	17	32	148	−2.5	15	32	139	−2.5
7	13	32	145	2.5	19	30	145	−2.5
8	17	30	148	2.5	19	28	139	2.5
9	13	28	148	5	21	32	148	2.5
10	17	32	139	−2.5	17	30	148	−5
11	15	28	143	2.5	17	26	139	−2.5
12	17	28	145	−5	17	30	143	2.5
13	19	26	148	2.5	15	30	143	5

续表

方案	A $\beta_{1shroud}$	B $\beta_{2shroud}$	C $\Delta\varphi_{shroud}$	D $\varphi_{0shroud}$	E β_{1hub}	F β_{2hub}	G $\Delta\varphi_{hub}$	H φ_{0hub}
14	13	26	139	−5	15	26	139	−5
15	15	32	148	5	17	26	145	5
16	17	26	143	5	19	28	145	−5
17	19	28	148	−2.5	19	26	143	−5
18	19	30	145	5	17	32	139	−5
19	13	30	145	−2.5	15	26	145	2.5
20	15	30	148	−5	21	30	145	−5
21	17	30	139	2.5	21	26	148	5
22	19	32	143	−5	19	26	148	2.5
23	13	28	139	5	19	30	139	5
24	15	26	143	−2.5	21	30	139	2.5
25	13	30	143	−2.5	17	28	143	5
26	19	26	139	2.5	17	32	145	2.5
27	15	26	145	−2.5	19	32	148	5
28	15	30	139	−5	19	32	143	−2.5
29	19	30	143	5	15	30	148	−2.5
30	17	28	143	−5	15	32	145	5
31	15	28	145	2.5	15	28	148	−5
32	13	32	143	2.5	21	32	143	−5

8.3.3 优化结果极差分析

表 8-5 列出了计算后所有方案 3 个工况($0.8Q_d$、$1.0Q_d$、$1.2Q_d$)的目标值。为了解各因素对目标的影响程度,需对其进一步进行统计分析。

表 8-5 数值计算结果 %

方案	$\eta_{0.8Q_d}$	$\eta_{1.0Q_d}$	$\eta_{1.2Q_d}$	方案	$\eta_{0.8Q_d}$	$\eta_{1.0Q_d}$	$\eta_{1.2Q_d}$
1	84.70	88.03	86.87	7	83.17	87.20	86.04
2	84.14	88.69	87.51	8	84.58	88.43	87.25
3	84.86	89.21	87.60	9	83.72	87.88	87.43
4	83.31	88.16	87.59	10	83.68	87.83	86.70
5	82.25	87.41	86.45	11	85.07	88.44	85.61
6	83.86	87.26	84.61	12	83.99	88.70	87.80

续表

方案	$\eta_{0.8Q_d}$	$\eta_{1.0Q_d}$	$\eta_{1.2Q_d}$	方案	$\eta_{0.8Q_d}$	$\eta_{1.0Q_d}$	$\eta_{1.2Q_d}$
13	84.25	88.62	88.35	23	83.29	87.83	87.37
14	84.87	87.68	85.07	24	83.91	88.52	87.54
15	83.74	88.02	87.40	25	83.85	88.36	86.94
16	85.00	88.77	86.77	26	84.17	88.90	87.88
17	84.96	88.66	86.28	27	84.40	88.93	87.99
18	83.79	87.51	85.31	28	83.77	87.79	85.69
19	83.99	87.88	85.27	29	84.15	87.87	87.72
20	83.92	87.85	85.66	30	83.86	88.43	85.41
21	84.70	89.40	88.82	31	84.89	88.18	87.09
22	84.44	88.98	86.74	32	83.01	87.17	84.72

极差分析法是一种对统计结果进行直观分析的方法。极差分析就是在考虑 X 因素时，认为其他因素对结果的影响是均衡的，从而认为 X 因素各水平的差异是由 X 因素本身引起的。所谓极差，就是各因素每个水平下目标平均值的最大落差，极差越大表明目标受该因素的影响越大，根据极差的大小可直观推测各因素对目标影响的主次顺序。在正交试验设计的方案中，每个因素的每个水平出现的次数相同，因此，以每个水平下目标的平均值表征该水平下目标的平均效果。以因素 A 为例，将设计工况（$1.0Q_d$）4 个水平对应方案的目标值取平均，并将平均值的最大值减去最小值获得因素 A 的极差 R，即

$$K_{1A}=(\eta_1+\eta_7+\eta_9+\eta_{14}+\eta_{19}+\eta_{23}+\eta_{25}+\eta_{32})/8=88.754$$

$$K_{2A}=(\eta_5+\eta_{11}+\eta_{15}+\eta_{20}+\eta_{24}+\eta_{27}+\eta_{28}+\eta_{31})/8=88.143$$

$$K_{3A}=(\eta_3+\eta_6+\eta_8+\eta_{10}+\eta_{12}+\eta_{16}+\eta_{21}+\eta_{30})/8=88.504$$

$$K_{4A}=(\eta_2+\eta_4+\eta_{13}+\eta_{17}+\eta_{18}+\eta_{22}+\eta_{26}+\eta_{29})/8=88.424$$

$$R_A=\max\{K_{1A},K_{2A},K_{3A},K_{4A}\}-\min\{K_{1A},K_{2A},K_{3A},K_{4A}\}=0.750$$

式中，下标数字代表 4 个不同水平，字母代表因素，参照表 8-4。

以上极差计算方法可以通过软件 SPSS 实现，将所有因素 3 个工况的极差 R 列于表 8-6 中。为了直观看出不同工况下各因素在各水平下对目标的影响规律，将平均目标值与对应水平绘制成折线图（见图 8-16）。

$0.8Q_d$ 工况下各因素对目标影响的主次顺序为：$\beta_{2shroud}>\beta_{2hub}>\Delta\varphi_{hub}>\varphi_{0shroud}>\beta_{1shroud}>\Delta\varphi_{shroud}>\varphi_{0hub}>\beta_{1hub}$。

$1.0Q_d$ 工况下各因素对目标影响的主次顺序为：$\beta_{2shroud}>\beta_{1shroud}>\beta_{2hub}>\varphi_{0hub}>\beta_{1hub}>\Delta\varphi_{hub}>\Delta\varphi_{shroud}>\varphi_{0shroud}$。

$1.2Q_d$ 工况下各因素对目标影响的主次顺序为：$\varphi_{0hub}>\Delta\varphi_{hub}>\beta_{2hub}>\beta_{1shroud}>\beta_{2shroud}>\beta_{1hub}>\varphi_{0shroud}>\Delta\varphi_{shroud}$。

表 8-6　极差分析

参数代号		A	B	C	D	E	F	G	H
$R/\%$	$0.8Q_d$	0.491	1.087	0.358	0.380	0.255	0.784	0.468	0.384
	$1.0Q_d$	0.750	0.829	0.224	0.230	0.444	0.550	0.409	0.409
	$1.2Q_d$	0.959	0.976	0.505	0.653	0.862	1.018	1.126	1.534

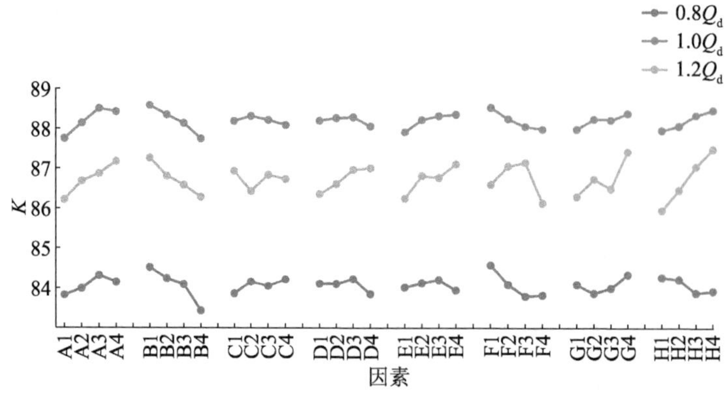

图 8-16　极差分析图

可以看出，小流量和设计流量下，前盖板叶片出口安放角(B)和后盖板叶片出口安放角(F)对效率影响较大；大流量下，后盖板叶片进口前缘延伸角(H)和后盖板叶片包角(G)对效率影响较大。从图 8-16 可以看出，随着前盖板叶片出口安放角(B)的增大，效率急剧下降；大流量下，当后盖板叶片出口安放角(F)增大到一定程度，效率同样下降迅速。所以，对于对称式结构的双吸离心泵来说，叶片出口安放角不宜过大。在一定范围内，适当增大前盖板叶片进口安放角(A)和叶片进口前缘延伸角(D、H)，有利于增强叶轮做功能力，提高效率。

以各因素不同水平下效率最高为原则，获得了 3 个工况下的最佳参数组合，由低工况到高工况分别为 A3B1C4D3E3F1G4H2、A3B1C2D3E4F1G4H4、A4B1C1D3E4F3G4H4，将这 3 组模型方案分别标记为模型Ⅰ、模型Ⅱ、模型Ⅲ，将 3 组方案分别进行三维造型、网格划分和数值模拟，得到其工况下的性能。

表 8-7 所示为上述所得 3 个优化模型与原始模型在 3 个工况下的性能对比。从表中可以看出，优化后的 3 个模型在 $1.0Q_d$ 和 $1.2Q_d$ 两个工况下效率提高明显。其中，模型Ⅱ设计工况点效率提高了 1.8%，大流量工况下效率提升了 4.26%，优化效果比其他工况明显；模型Ⅰ在小流量工况下扬程和效率优于其他两个优化模型；模型Ⅲ虽然在小流量工况和设计工况下效率比原始模型有所提升，但扬程下降明显。

表 8-7　优化前后性能对比

工况	效率/%				扬程/m			
	原始	Ⅰ	Ⅱ	Ⅲ	原始	Ⅰ	Ⅱ	Ⅲ
$0.8Q_d$	84.92	85.45	85.15	84.75	41.84	41.93	41.70	40.83
$1.0Q_d$	87.99	89.31	89.79	89.26	40.53	39.85	39.60	38.89
$1.2Q_d$	85.00	88.81	89.26	88.15	36.51	36.70	35.99	34.60

8.4　基于“效率屋”理论的双吸离心泵多工况优化

根据以上极差分析的优化结果可以看出，优化后的模型效率总体上提升明显，但仅限于 3 个工况下的优化，无法预知每个工况下效率的提升幅度，即存在优化后高效区依然狭窄的问题。

8.4.1　“效率屋”理论

为了解决上述问题，本节应用“效率屋”(house of efficiency)理论将多个工况的优化目标转化为单一目标，步骤如下：

第一步，将 4 个工况点(关闭状态、0.8 倍设计流量点、1.0 倍设计流量点和 1.2 倍设计流量点)对应的效率作为样本进行多项式拟合，如下所示：

$$\eta(\varphi)=a\varphi^3+b\varphi^2+c\varphi+d$$

式中，η 为效率；a、b、c、d 为三次多项式未知系数；φ 为流量系数，定义为

$$\varphi=\frac{Q}{nd_2^3}$$

第二步，“效率屋”模型如图 8-17 所示，积分得到“效率屋”面积 S：

$$S=\int_0^{\varphi_l}\eta\mathrm{d}\varphi$$

“效率屋”面积 S 即为评价效率区间是否拓宽的单一指标，图 8-17 中灰色区域面积即为 S。

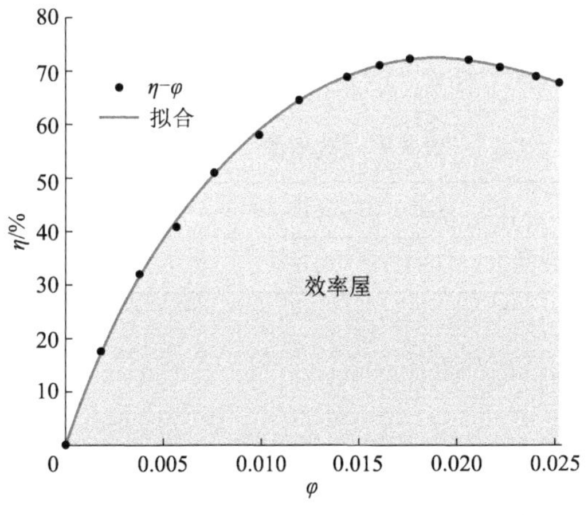

图 8-17　“效率屋”模型示意图

8.4.2 基于“效率屋”优化结果的极差分析

将正交试验的 32 组方案和极差分析得到的 3 个优化模型(模型Ⅰ、模型Ⅱ、模型Ⅲ)按照上述步骤进行操作,得到的结果如表 8-8 所示。可以看出,模型Ⅰ的“效率屋”面积 S 在这 35 组数据中最大。

表 8-8 设计方案“效率屋”面积

模型	S	模型	S	模型	S	模型	S	模型	S
1	9.0108	8	8.9455	15	8.8492	22	8.7892	29	8.9819
2	8.8285	9	8.8705	16	8.9430	23	8.7850	30	8.6676
3	8.8981	10	8.8197	17	8.9189	24	8.8110	31	9.0407
4	8.7494	11	8.9320	18	8.7994	25	8.7835	32	8.6526
5	8.5743	12	8.8157	19	8.7767	26	8.8254	Ⅰ	9.0885
6	8.8071	13	8.9214	20	8.7942	27	8.8760	Ⅱ	8.9772
7	8.7726	14	8.9795	21	8.9178	28	8.7750	Ⅲ	8.9057

应用 SPSS 软件对表 8-8 中 35 组数据进行极差分析,得出 8 个因素对“效率屋”面积 S 影响的主次顺序。将所有因素的极差 R 列于表 8-9 中,可以看出各因素对 S 影响的主次顺序为 $\beta_{2shroud} > \Delta\varphi_{hub} > \beta_{2hub} > \Delta\varphi_{shroud} > \varphi_{0hub} > \varphi_{0shroud} > \beta_{1shroud} > \beta_{1hub}$。显然,叶片出口安放角和包角对 S 的影响较大,排在前四位,其中前盖板叶片出口安放角 $\beta_{2shroud}$ 影响最大;而叶片进口安放角和进口前缘延伸角相对来说影响不大,在后续优化中可以作为常量处理。

为直观看出各因素对 S 的影响规律,将目标值与对应水平绘制成折线图(见图 8-18)。可以看出,S 随着前盖板叶片出口安放角 $\beta_{2shroud}$(B)的增大而减小,且后盖板叶片出口安放角 β_{2hub}(F)对 S 的影响规律与 B 相似。S 随着前盖板叶片包角 $\Delta\varphi_{shroud}$(C)和后盖板叶片包角 $\Delta\varphi_{hub}$(G)的增大均是先减小后增大,且当包角达到最大 148°时,S 也达到最大。以各因素不同水平下“效率屋”面积 S 最大为原则,获得“效率屋”最优模型参数组合——A4B1C4D3E2F1G4H2,标记为优化模型①。

表 8-9 “效率屋”极差分析

参数代号	A	B	C	D	E	F	G	H
R/%	0.036	0.158	0.081	0.074	0.020	0.104	0.142	0.075

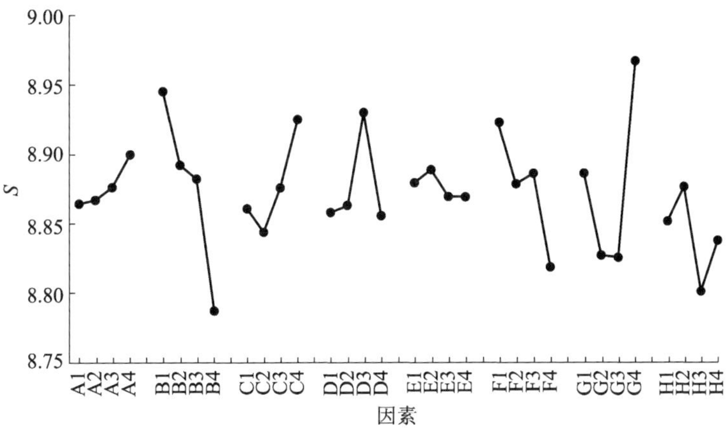

图 8-18　“效率屋”极差分析图

将得到的优化模型①进行三维造型、网格划分、数值模拟得到 3 个工况下的效率和扬程，并计算其“效率屋”面积 S，计算结果如表 8-10 所示。表 8-11 所示为优化模型①和原始模型性能对比，可以看出优化后各个工况效率分别提高了 0.8%、1.6%、4.6%，其中大流量工况下效率提高最为明显，设计工况下扬程略微下降。将原始模型、正交试验得到的 3 个优化模型（Ⅰ、Ⅱ、Ⅲ）及优化模型①得到的 S 进行对比，如表 8-12 所示，可以看出，优化模型①的“效率屋”面积 S 大于其他 4 个模型，且相对于原始模型增加明显，这说明优化模型①的参数方案在 4 水平的条件下能够最大程度地拓宽双吸离心泵高效区。

表 8-10　优化模型①性能参数

工况	效率/%	扬程/m	S
$0.8Q_d$	85.61	41.84	
$1.0Q_d$	89.40	39.78	9.1138
$1.2Q_d$	88.91	36.67	

表 8-11　优化模型①与原始模型性能对比

工况	原始模型效率/%	优化模型①效率/%	升高幅度/%	原始模型扬程/m	优化模型①扬程/m	升高幅度/%
$0.8Q_d$	84.92	85.61	0.8	41.84	41.84	0
$1.0Q_d$	87.99	89.40	1.6	40.53	39.78	−1.85
$1.2Q_d$	85.00	88.91	4.6	36.51	36.67	0.44

表 8-12　优化前后"效率屋"面积对比

模型	"效率屋"面积 S
原始模型	8.9353
模型Ⅰ	9.0885
模型Ⅱ	8.9772
模型Ⅲ	8.9051
优化模型①	9.1138

8.5　基于混合近似模型的双吸离心泵多工况优化

根据 8.4 节的优化结果可以看出，经过极差分析优化后，双吸离心泵的效率提高明显，由"效率屋"理论得到的最优方案也拓宽了双吸离心泵的高效区。但正交试验设计只是将各参数在 4 水平的条件下进行优化，而各参数都是连续型变量，说明上述优化并不是全局最优解，还可以通过更加精确的优化方法得到最佳方案。本节将分别采用克里金(Kriging)模型、人工神经网络(ANN)和基于两者的混合近似模型对双吸离心泵进行多工况优化，并将优化结果进行对比。

8.5.1　优化过程

基于近似模型的双吸离心泵优化流程如图 8-19 所示。以"效率屋"面积 S 为优化目标，双吸离心泵叶片的 4 个参数为优化变量，并定义了设计变量的取值范围，采用拉丁超立方试验设计方法在设计变量取值范围内随机产生双吸离心泵叶轮的设计方案，对所有的设计方案进行三维造型、网格划分及定常数值计算得到泵效率和扬程，并计算"效率屋"面积 S。分别采用人工神经网络、克里金模型以及基于这两者的混合近似模型建立 S 与 4 个设计变量间的近似数学模型，并进行预测值与真实值的回归分析。应用群智能算法——粒子群算法，对近似数学表达式进行全局寻优，获得最优双吸离心泵叶轮设计参数组合和最优的优化目标。

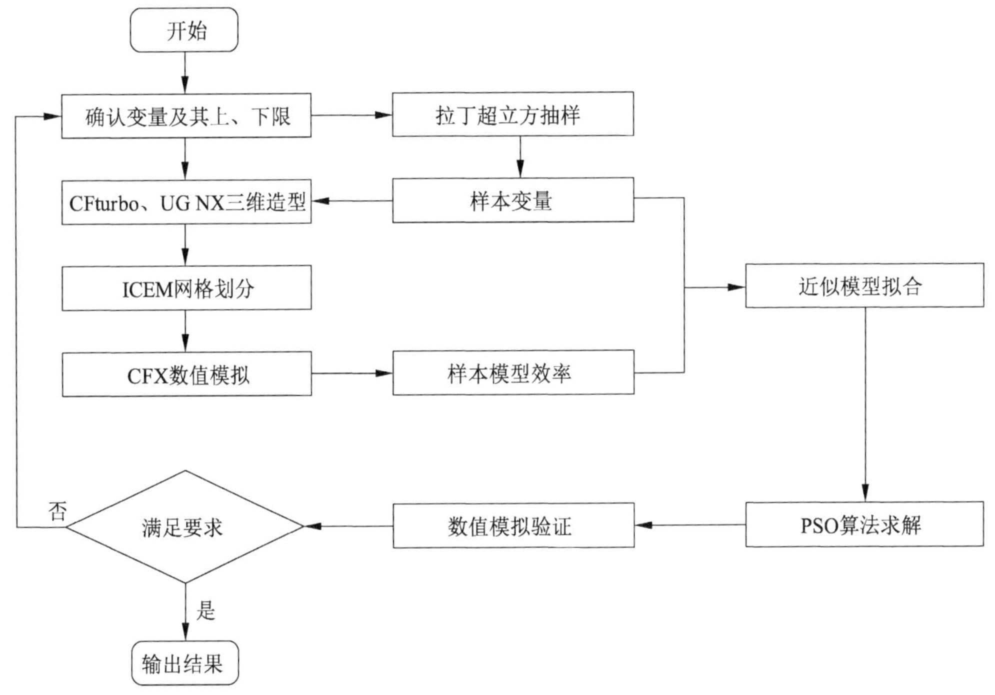

图 8-19　基于近似模型的双吸离心泵优化流程图

8.5.2　优化目标和优化变量

以“效率屋”面积 S 最大为目标，3 个工况下的效率均大于原型泵效率且扬程较原型泵下降不超过 5%为约束条件，确定双吸离心泵多工况优化设计的数学模型为

$$\begin{cases} \max S \\ \text{s.t.}\ \ \eta_{0.8}\geqslant 84.9,\eta_{1.0}\geqslant 88.0,\eta_{1.2}\geqslant 85.0 \\ \text{s.t.}\ \ H_{0.8}\geqslant 39.7,H_{1.0}\geqslant 38.5,H_{1.2}\geqslant 34.6 \end{cases}$$

由 8.4 节优化结果可知，双吸离心泵的叶片出口安放角和包角对“效率屋”面积 S 影响最大，而叶片进口安放角和进口前缘延伸角影响较小，所以本节优化变量仅考虑 $\beta_{2\text{hub}}$、$\beta_{2\text{shroud}}$、$\Delta\varphi_{\text{hub}}$、$\Delta\varphi_{\text{shroud}}$ 这 4 个参数，另外 4 个参数 $\beta_{1\text{hub}}$、$\beta_{1\text{shroud}}$、$\varphi_{0\text{hub}}$、$\varphi_{0\text{shroud}}$ 作为常量处理。S 在 $\beta_{2\text{hub}}=\beta_{2\text{shroud}}=26°$，$\Delta\varphi_{\text{hub}}=\Delta\varphi_{\text{shroud}}=148°$时取得最大值，所以定义变量上、下限如表 8-13 所示。考虑到最优模型①是 8 因素 4 水平条件下“效率屋”模型的最优方案，按照最优模型①取 $\beta_{1\text{hub}}=17°$，$\beta_{1\text{shroud}}=19°$，$\varphi_{0\text{hub}}=-2.5°$，$\varphi_{0\text{shroud}}=2.5°$。

拉丁超立方抽样(LHS)是一种从多元参数分布中近似随机抽样的方法，属于分层抽样技术。拉丁超立方试验设计方法具有空间填满、次数少等优点，是广泛应用的试验设计方法之一。将设计变量按行、列排成一个随机矩阵，在同一行或列均无重复。在优化过程中，根据近似模型的特点和设计变量的个数，采用拉丁超立方试验设计方法产生了 40 个设计方案，如表 8-14 所示。

表 8-13　设计参数上、下限　(°)

变量	β_{2hub}	$\beta_{2shroud}$	$\Delta\varphi_{hub}$	$\Delta\varphi_{shroud}$
上限	24	24	145	145
下限	30	30	155	155

表 8-14　拉丁超立方试验设计方案　(°)

方案	β_{2hub}	$\beta_{2shroud}$	$\Delta\varphi_{hub}$	$\Delta\varphi_{shroud}$	方案	β_{2hub}	$\beta_{2shroud}$	$\Delta\varphi_{hub}$	$\Delta\varphi_{shroud}$
1	26.8	25.7	146.0	147.1	21	25.1	25.9	149.9	152.5
2	29.3	27.9	149.7	152.3	22	29.5	29.9	147.3	146.3
3	26.4	29.2	148.7	153.4	23	28.5	24.4	151.9	150.9
4	27.5	29.3	148.8	152.2	24	28.7	26.1	152.3	145.7
5	29.6	28.4	146.4	148.9	25	28.0	29.7	147.6	150.1
6	24.4	25.6	152.2	154.5	26	27.3	26.5	151.1	153.2
7	24.5	27.9	147.9	146.8	27	26.7	26.0	154.9	153.9
8	24.2	25.0	147.0	150.4	28	28.3	24.6	150.4	149.3
9	28.4	24.8	145.2	154.7	29	25.4	29.5	152.7	147.5
10	27.7	25.4	148.1	147.3	30	25.8	25.1	150.2	151.5
11	25.2	25.2	151.6	146.6	31	24.1	26.4	145.3	153.5
12	29.2	27.3	154.1	154.0	32	29.7	29.1	148.4	149.8
13	27.8	24.5	145.6	145.2	33	29.9	26.8	153.3	155.0
14	24.8	28.6	154.3	148.2	34	25.6	27.5	149.1	146.0
15	24.7	28.2	146.7	150.6	35	27.0	27.3	145.8	145.5
16	25.7	29.7	153.9	146.1	36	28.2	28.2	150.8	147.9
17	29.0	26.6	153.1	151.1	37	26.5	24.1	149.5	148.7
18	25.0	27.7	154.6	152.9	38	28.9	26.9	152.9	149.1
19	26.0	28.8	146.8	149.6	39	27.4	24.3	151.3	148.4
20	26.1	27.1	150.6	151.3	40	27.0	28.7	153.6	151.9

将表 8-14 中拉丁超立方试验设计得到的 40 组参数方案按照 8.3 节中的方法分别进行三维造型(CFturbo、UG NX)、非结构网格划分(ICEM)、定常数值计算(CFX)，分别计算出 $0.8Q_d$、$1.0Q_d$、$1.2Q_d$ 三个工况下的效率值，列于表 8-15 中。再将这 40 组效率值根据“效率屋”原理计算出各自的“效率屋”面积 S，如表 8-16 所示。可以明显看出，这 40 组设计方案的 S 值绝大部分高于最优模型①的 S 值，说明设计参数的上、下限取值合理，能够在该范围内寻找出更优方案。

表 8-15　设计方案三个工况下的效率 %

方案	$\eta_{0.8Q_d}$	$\eta_{1.0Q_d}$	$\eta_{1.2Q_d}$	方案	$\eta_{0.8Q_d}$	$\eta_{1.0Q_d}$	$\eta_{1.2Q_d}$
1	85.67	89.28	88.61	21	86.21	89.80	89.16
2	85.30	88.80	88.83	22	84.60	88.23	88.10
3	85.61	89.17	88.53	23	85.65	89.34	88.99
4	85.22	89.04	88.68	24	84.98	89.21	88.77
5	84.92	88.54	88.25	25	85.18	88.88	88.52
6	86.04	89.72	88.85	26	85.94	89.40	88.90
7	85.79	89.31	88.81	27	85.91	89.31	86.95
8	86.07	89.88	89.97	28	85.64	89.42	88.91
9	85.73	89.31	88.37	29	85.25	88.95	88.52
10	85.81	89.27	88.73	30	86.14	89.69	89.15
11	85.31	88.92	88.39	31	86.16	89.78	88.65
12	85.55	88.83	87.31	32	84.87	88.58	88.37
13	85.60	89.22	88.49	33	85.60	88.95	87.47
14	84.12	88.22	87.70	34	84.30	88.31	88.04
15	85.73	89.42	88.69	35	85.45	89.04	88.53
16	84.89	89.00	88.46	36	84.82	88.88	88.40
17	85.55	88.88	88.65	37	86.26	89.65	89.17
18	86.03	89.15	86.35	38	85.05	88.89	88.57
19	85.72	89.34	88.97	39	84.38	88.45	88.11
20	85.87	89.29	88.79	40	85.61	88.88	88.49

表 8-16　设计方案“效率屋”面积 S

方案	S	方案	S	方案	S	方案	S	方案	S
1	9.1254	9	9.1163	17	9.1699	25	9.0837	33	9.0867
2	9.1436	10	9.1646	18	9.0651	26	9.1818	34	8.962
3	9.1257	11	9.0951	19	9.1509	27	9.0551	35	9.114
4	9.0765	12	9.0851	20	9.1779	28	9.1167	36	9.0004
5	9.0675	13	9.1125	21	9.1895	29	9.0867	37	9.2256
6	9.1459	14	8.9159	22	9.0421	30	9.1925	38	9.0585
7	9.1593	15	9.1201	23	9.1377	31	9.147	39	8.9602
8	9.2032	16	8.9991	24	9.0044	32	9.0587	40	9.1713

8.5.3 混合近似模型

虽然近似模型发展得越来越成熟，但仍存在两个缺陷：一是在模拟不同问题甚至同一问题的不同参数时，近似模型的精度差别很大，有时甚至会得到错误的结果；二是近似模型在模拟较大设计空间和较多设计变量的问题时局部空间的精度不高，因而阻碍了它们在优化设计中的应用。

本书将人工神经网络和克里金模型进行混合，并采用近似模型拟合相关系数 R^2 来求解混合模型系数，具体构建过程如下式所示：

$$y_{en}(X)=\omega_1 y_1(X)+\omega_2 y_2(X)$$

$$\begin{cases} \text{Find}:\omega_1 \\ \text{Max}:R^2=1-\dfrac{\sum\limits_{i=1}^{m}(y_{en}-\hat{y}_{en})^2}{\sum\limits_{i=1}^{m}(y_{en}-\bar{y}_{en})^2} \\ \omega_1+\omega_2=1, 0\leqslant\omega_1\leqslant 1 \end{cases}$$

式中，$y_1(X)$为 ANN 模型；$y_2(X)$为 Kriging 模型；R^2 为相关系数；m 为样本数量；y_{en} 为实际响应值；$\hat{y}_{en}$ 为近似模型响应值；$\bar{y}_{en}$ 为近似模型响应平均值。

8.5.4 近似模型拟合

为了对比近似模型的精确度，将上述拉丁超立方抽样产生的 40 组数据分为两组：70%的样本（28 组）被用于训练人工神经网络和 Kriging，30%的样本（12 组）被用于验证拟合的准确性。近似模型建立成功后，采用 R-square（即 R^2）误差分析法对近似模型的准确性进行评估，结果如图 8-20 所示。可以看出，人工神经网络拟合的 R^2 值为 0.8 左右，Kriging 的拟合精度高于 ANN，R^2 值为 0.88 左右。但两者的 R^2 均小于 0.9，达不到拟合精度优秀的要求。

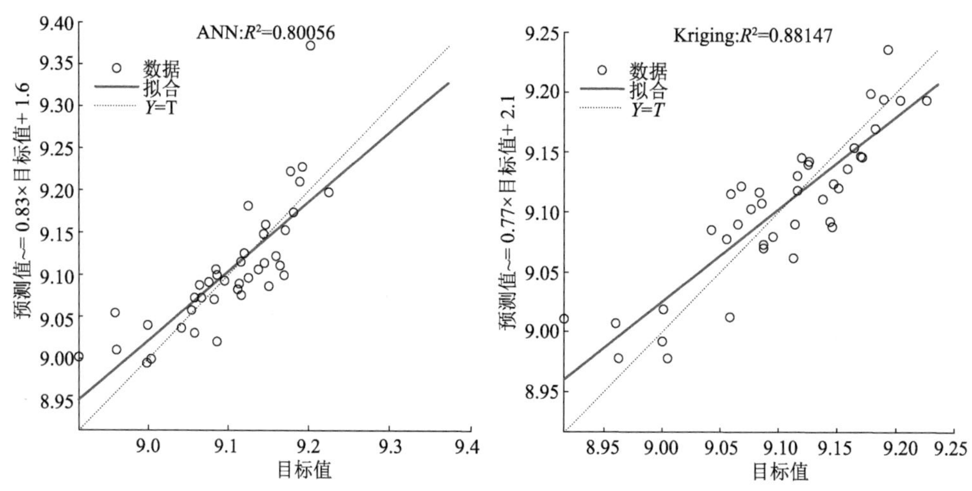

图 8-20 R-square 误差分析

将 ANN 和 Kriging 组成混合近似模型对样本进行拟合，设置目标精度 R^2 大于 0.93，混合近似模型拟合过程如图 8-21 所示。该拟合过程均在 MATLAB 软件中编程实现，经过 100 步迭代得到了拟合精度最高的近似模型组合，表达式如下：

$$y_{en}(X)=0.3009y_1(X)+0.6991y_2(X)$$

式中，$y_1(X)$为 ANN 模型；$y_2(X)$为 Kriging 模型。该混合近似模型拟合精度达到了 0.95167，如图 8-22 所示，证明由 ANN 和 Kriging 组合而成的混合近似模型拟合精度高于单一近似模型。

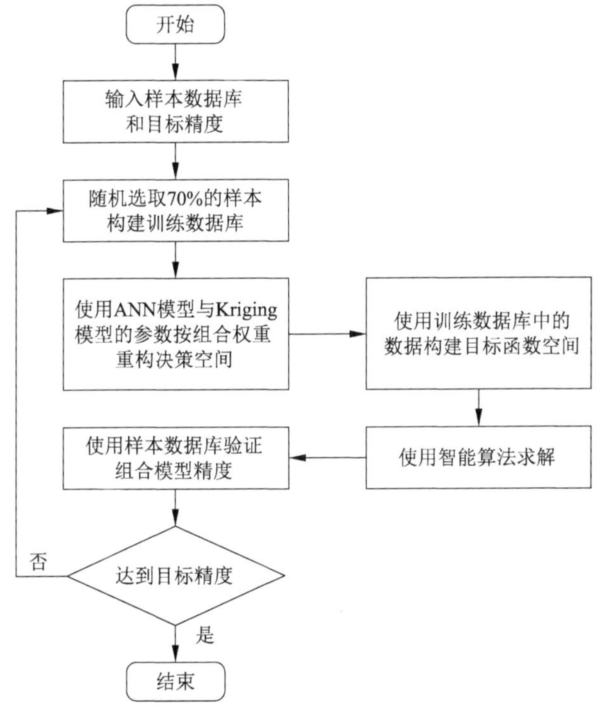

图 8-21　混合近似模型拟合过程

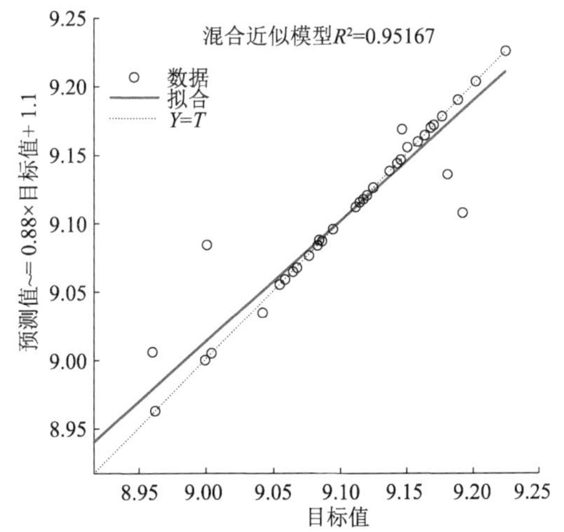

图 8-22　混合近似模型拟合精度

8.5.5 优化结果

在MATLAB软件中选用具有较好全局求解能力且计算效率高的粒子群算法(PSO)，对8.5.4节中建立的ANN、Kriging以及混合近似模型进行寻优计算，收敛后最优设计参数组合以及最优 S 结果如表8-17所示。从表中可以看出，3种近似模型优化后的“效率屋”面积 S 均高于40组样本中的最大值。为了验证优化结果的准确性，将得到的3组设计参数进行三维造型、网格划分和数值模拟，并计算各组方案真实 S 值，与预测值进行对比，对比结果如表8-18所示。

表8-17 各近似模型优化结果

模型	$\beta_{2hub}/(°)$	$\beta_{2shroud}/(°)$	$\Delta\varphi_{hub}/(°)$	$\Delta\varphi_{shroud}/(°)$	S
ANN	25.0235	28.8943	150.5623	152.8956	9.2268
Kriging	24.8156	29.2201	149.7032	154.2331	9.2257
混合	24.8707	29.2325	148.8955	154.0112	9.2263

表8-18 优化结果误差分析

模型	预测 S 值	真实 S 值	误差/%
ANN	9.2268	9.0243	2.243
Kriging	9.2257	9.1296	1.053
混合	9.2263	9.2260	0.003

从以上两表可以看出，虽然ANN得到的优化结果最理想，但预测值和真实值误差较大，说明ANN拟合精度不高，结果不可信。而混合近似模型的预测值和真实值误差仅0.003%，证明了8.5.4节中混合近似模型拟合精度高于单一近似模型的结论，优化结果可以用来进一步分析。

8.5.6 优化结果对比

将8.5.5节基于混合近似模型优化得到的最优双吸离心泵模型记为优化模型②，其各工况下的扬程和效率值如表8-19所示，优化模型②各工况效率对比正交试验优化得到的优化模型①都有了明显提升。将优化模型②与原始模型的性能参数进行对比，如表8-20所示，可以看出，各工况下优化后效率分别提高了1.63%、1.95%、4.94%，大流量下效率提升最为明显。各工况下扬程虽然略有下降，但下降幅度均在控制范围之内。

表8-19 优化模型②数值模拟结果

工况	$0.8Q_d$	$1.0Q_d$	$1.2Q_d$
效率/%	86.30	89.71	89.20
扬程/m	41.65	39.32	36.18

表 8-20　优化模型②与原始模型性能对比

工况	原始模型效率/%	优化模型②效率/%	升高幅度/%	原始模型扬程/m	优化模型②扬程/m	下降幅度/%
$0.8Q_d$	84.92	86.30	1.63	41.84	41.65	0.45
$1.0Q_d$	87.99	89.71	1.95	40.53	39.32	2.99
$1.2Q_d$	85.00	89.20	4.94	36.51	36.18	0.90

为了研究不同部件内部的流动损失情况，对原始模型和优化后的两个模型进行了扬程分布分析，优化前后不同流道内的扬程分布如表 8-21 所示。在各工况下，优化模型②和优化模型①相比于原始模型叶轮做功能力减弱，但输入功率得到了明显下降，从而使得 3 个优化模型在各工况下的效率得以提升。此外，虽然优化后叶轮做功能力减弱，但吸水室和蜗壳内部的水力损失得到了不同程度的减小，所以总的扬程仍然满足设计要求，从而使得优化后的模型在各工况下的性能均优于原始模型。

表 8-21　优化前后的扬程分布

工况	模型	吸水室扬程/m	叶轮扬程/m	蜗壳扬程/m	输入功率 /kW
$0.8Q_d$	原始模型	−1.307	48.620	−4.342	53.291
	优化模型①	−0.306	46.065	−3.646	53.000
	优化模型②	−0.258	45.920	−3.725	52.957
$1.0Q_d$	原始模型	−0.167	44.196	−3.141	62.735
	优化模型①	−0.153	42.915	−2.748	60.605
	优化模型②	−0.150	42.372	−2.673	59.877
$1.2Q_d$	原始模型	−0.200	41.243	−4.187	70.206
	优化模型①	−0.211	39.730	−2.612	67.406
	优化模型②	−0.210	39.196	−2.582	66.554

为了更加直观地看出优化前后高效区的变化并比较前后两次的优化程度，将原始模型和优化模型①的“效率屋”模型进行对比，如图 8-23 所示，将原始模型和优化模型②的“效率屋”模型进行对比，如图 8-24 所示。从图中可以看出，优化模型②和优化模型①都拓宽了双吸离心泵的高效区，尤其是在大流量工况下，效率提升幅度最大，解决了原型泵大流量工况下效率陡降的问题。对比两图发现，优化模型②比优化模型①的优化效果更好，说明基于混合近似模型的多工况优化比基于极差分析的优化更加精确，可以找到全局最优解。

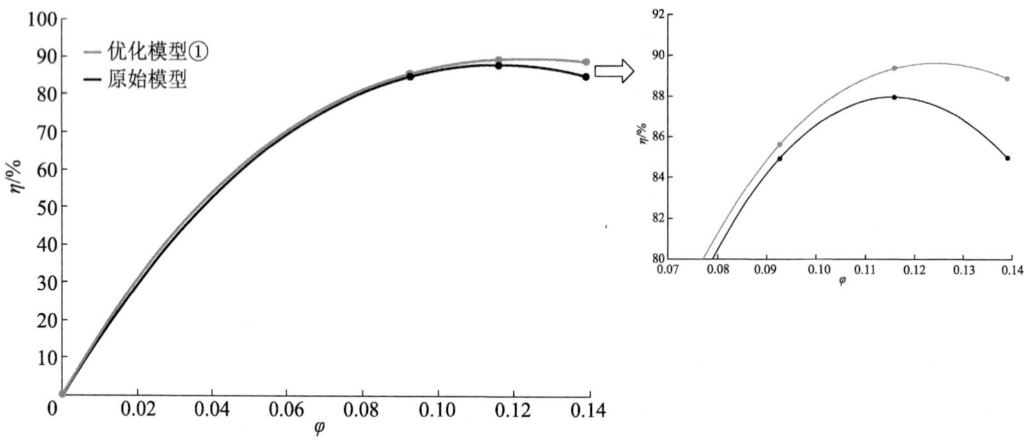

图 8-23　优化模型①与原始模型"效率屋"对比

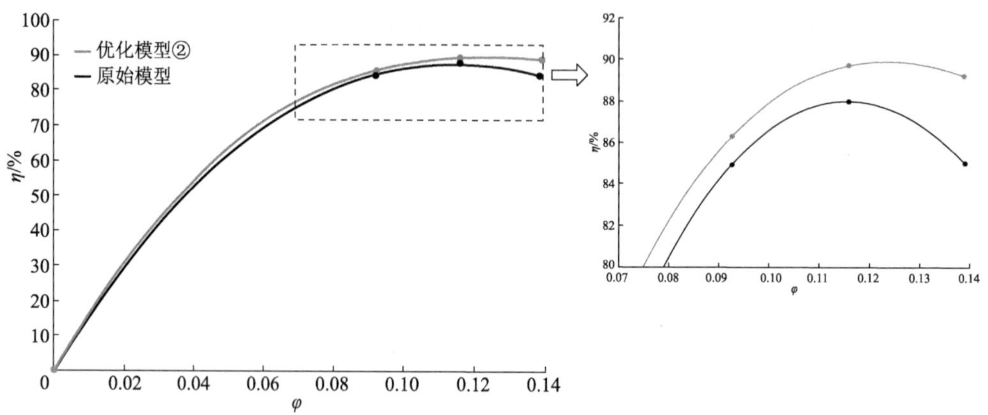

图 8-24　优化模型②与原始模型"效率屋"对比

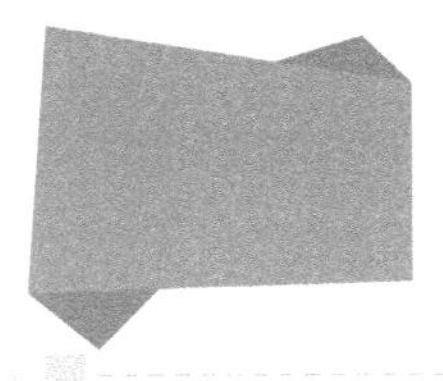

参考文献

[1] 关醒凡.现代泵技术手册[M].北京:中国宇航出版社,1995.

[2] 袁寿其.低比速离心泵理论与设计[M].北京:机械工业出版社,1997.

[3] 曹卫东,代珣,胡敞祥,等.矿用抢险多级泵转子部件轴向力数值模拟及平衡方法研究[J].流体机械,2014,42(6):16-20.